門田和雄 著

新しい機械の教科書

第3版

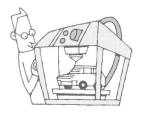

Ohmsha

はじめに（初版）

　幼い子どもたちはもの創りが大好きである．砂遊び，積み木遊び，ブロック遊び，紙工作．人間本来のもつ好奇心の現れであろう．しかし，現在の学校教育においてもの創りを教えることは軽視されており，小・中学校における普通教育としての技術教育を担っているのは，中学校の技術科だけである．ただし，その授業時間数は削減を続けている．また，現在，普通科の高校生は理科や数学は学んでいても，もの創りに関する内容はいっさい学んでいない．すなわち，理工系の大学へ進学する高校生の多くは，高校3年間にまったくもの創りをしていないのである．若者の理工系離れやもの創り離れ，製造業離れなどが言われるようになって久しいが，普通教育における技術教育の欠如が大きな要因になっていることは間違いない．これは初等教育から中等教育まで，技術教育の教科が設置されている多くの先進諸国と比較しても大きな遅れである．

　しかし，これまでその解決策として何をすればよいのかが明確に提示されることはほとんどなかった．私はこれまで十数年間，中学校技術科や工業高校において，機械技術教育の教育実践に取り組んできた．また，大学において技術科や工業科の教員養成の講義も担当している．

　本書は，これらの経験を踏まえて，もの創りを学ぶためのテキストを「新しい機械の教科書」として，初心者が機械を創るための基礎・基本となる技術を単なる知識ではなく，それらが実際のもの創りにどのように役立つのかを意識して，10章構成でまとめてある．これはもの創りの世界へ夢を描いている高校生への手引き書であり，もの創りをすることなく工学部に入学してしまった大学生への入門書でもある．もちろん，もの創りをきちんと学んでいる工業高校の生徒や，機械をはじめから学んでみようと思っている社会人の方にも読んでもらえるはずである．

　読者の皆さんには，それぞれの内容を理解し，相互の技術の関連性を考えつつ，実際に自らの体を動かしながら，さまざまな機械を創っていただきたい．

2004年5月

門 田 和 雄

第 2 版のまえがき

　「新しい機械の教科書」の初版を 2004 年に出版させていただき，約 10 年が経過した．この間，版を重ねることができたことは著者として望外の喜びである．機械を学ぶにあたっての基礎的な事項は 10 年経っても色あせない部分も多いが，この間，情報技術の進展と関連する機械制御に関する部分や，3D CAD の活用に関する内容，また，ファブラボなどものづくりの市民工房において広く行われているデジタルファブリケーションとして用いられる機会が増えているレーザ加工機や 3D プリンタに関する内容など，加筆・修正したいものが増えてきた．

　そこで，この度，一部の内容を差し替えた改訂版として出版の運びとなった．

　学校で機械工学を学んでいる人たちには実際のものづくりをするための副読本に，独学でものづくりを覚えたいと思っている方にはよき手引書として，今後もご活用いただければ嬉しい．

　2013 年 9 月

著者しるす

第 3 版のまえがき

　「新しい機械の教科書」の前回改訂から早くも 7 年以上が経過した．2004 年の初版から考えると 16 年以上もの間，版を重ねることができたことは望外の喜びである．今回の改訂では，第 6 章の機械制御学において，マイコン制御とプログラミングについて増ページするとともに，特に従来の第 8 章と第 9 章を全面的に見直して，第 8 章をデジタル工作機械学，第 9 章を機械製図学とした．また，前回の改訂に引き続き，3D プリンタやレーザ加工機などを活用したデジタルファブリケーション，3D CAD を活用した製図やシミュレーションなどを充実させた．

　引き続き，新しい世代の読者に「新しい機械の教科書」として役立てていただけると嬉しい．

　2021 年 4 月

著者しるす

目　　次

第1章 機械設計学

1-1 どんな機械を創りたいのか

　ロボット，飛行機，自動車．いずれも複雑な機械部品からなる機械の塊である．エンジニアとして仕事に就くと，さまざまな機械の受注を受けて，その設計・製図・加工・組立などを行うことになる．そこでは分業で仕事が進められることが多く，一人の人間がすべての工程を把握することは不可能なほど，世の中の機械システムは巨大で複雑なものになっている．

　機械を創るためには，それに関係するさまざまな技術を身につけておく必要がある．しかし，個別の技術を身につけるだけでは，機械全体を見渡すことはなかなか難しい．初心者が身につけておくべきは，この全体を見渡す能力である．初心者は簡単なものでも，もの創りのスタートから完成まですべてを一人，もしくは，少人数のグループでこなすトレーニングを重ねることが大切である．部品の一つひとつまで，なぜそれを選定して活用しているのかを把握しながら，全体を組み立てていく．その際，各部分を寄せ集めるだけではよい機械を創ることができないことも忘れてはならない．すなわち，システムは部分の総合ではなく，全体があっての部分なのである．将来，エンジニアになって，突然，巨大で複雑な機械システムの一部分の仕事を任されても困らないために，常に全体を見渡しながら，各部分を仕上げていく．この姿勢が大切である．

　本書を手にした皆さんは，何らかの形で機械を創ってみたいと思っている方々のはずである．本書を読み進めることにより，自分の創ってみたい機械のイメージがさらに大きく膨らみ，「こんな機械を創ってみたい！」という気持ちが強くなってもらえると嬉しい．これが実学としての機械工学の出発点なのである．

1-2　設計仕様

　「こんな機械を創ってみたい！」という気持ちを実現するためには，それを具体的にイメージして表す必要がある．たとえば，「箱をつかんで持ち上げて積み上げる機械を創りたい！」や「ティーバッグを用いて自動的に紅茶を入れる機械を創りたい！」など．機械工学ではこれを設計目的といい，これを実現するためには，さらにこれらを数値で表した形にする必要がある．これを設計仕様といい，設計目的を決定することは機械設計の出発点でもある．具体的には「3.0 kgの箱を10 s以内に0.5 m持ち上げる」ことや「0.15 mのストロークのエアシリンダで80 Nの力を取り出したい」などをいう．これらは創ろうとする機械のもつ物理的な数値目標でもある．設計仕様が複数ある場合には，相反するものが並ぶことも多い．たとえば，大きな回転力と大きな回転速度，軽くて丈夫であることなどを両立することは難しいことである．しかし，これらの妥協点を見いだし，困難を一つひとつ解決していくことで，それまで世の中になかったものが生み出される．この創造的な作業がエンジニアとしての仕事の醍醐味でもある．

　設計仕様を実現するためには，費用や時間などの制約条件も必ずある．もちろん，さまざまな条件を解決していく過程で最初の設計仕様が変更されることも考えられる．その辺りは無理なく，臨機応変にという姿勢が大切であるが，後からの大幅な設計変更は，さまざまな面でロスになることが多い．そのため，最初の設計仕様に関しては慎重に十分検討して，決定することが大切である．

　もちろん，同じ設計仕様が与えられても，個人によって，それを達成する方法は異なるであろうし，完成したものの姿形も大きく異なることがふつうである．ロボットコンテストなどでも，同じ課題を解決するための手法は十人十色であることはご存じのとおりである．すなわち，これがもの創り（＝**技術**）の大きな特徴であり，一つの答えを目指して真理を探究する**科学**と大きく異なるところなのである．機械を設計するためには，数学や物理学などの科学は大いに活用すべきである．しかし，数学や物理学を知っているだけでは，機械を創ることはできない．このことを頭に入れつつ，技術と科学を学んでほしいと思う．

　設計仕様の決定は，もの創りを実現するための最初の一歩である．「こんな機械を創ってみたい！」という気持ちをもったら，まずは具体的にまとめてみよう．

1-3 運動と構造

　機械の定義として,「形のある物体を組み合わせたものが,何らかのエネルギーの供給を受けて,定められた動きをしながら有用な仕事をする」という文言がある.メカニズムを設計するとは,「定められた動き」を決めることにほかならない.機械の運動には直線運動や円運動,これらを組み合わせた曲線運動など,さまざまなものがある.それらの運動をその変位や速度,加速度などを用いて適切に表すこと.また,どちらの方向からどのくらいの大きさの力がはたらくのか,それが複数ある場合には,力の分解や合成をどのように取り扱うのか,物体を回転させようとする力のはたらきであるモーメントはどのように計算するのかなど.

　機械にさせたい動きが決まったら,物理学の一分野である力学を用いて,その運動を定量的に取り扱えるようにしておく必要がある.本書では,高校生の教科書レベルの物理学を用いてこれらを説明する.一見,無味乾燥で難解に感じられる物理学も,機械の運動を設計するという観点で眺めてみると,また違った学び方ができると思う.これらのことは,第2章の**機械運動学**で学んでみよう.

　機械の動く部分であるメカニズムに注目しすぎると,人間の骨格や建築物の骨組みにあたる機械の構造を忘れがちである.機械は動いている部分だけでなく,それを支えている部分にも常に力がはたらいている.これらを定量的に取り扱い,予想される力を受けたときに,材料が破損・破壊をしないようにしておく必要がある.このことは,機械設計において最も重要な事柄の一つである.

　いくら見た目のよい機械が完成しても,動かした途端に壊れてしまうようでは仕方がない.しかし,現実にはどんな力がはたらいても絶対に壊れない材料はない.そのため,機械の各部分にはたらく引張りや圧縮,曲げ,ねじりなどの力や変形をきちんと計算し,材料が破損・破壊をしない範囲で使用するのである.もちろん,機械の構造部だけでなく,運動部についても,このような強度計算は欠かせない.

　高校の物理学では,ばねにおもりをつるして伸ばしたときの,おもりの質量と伸びの関係が比例するというフックの法則を学ぶ.これは機械設計においても基本となる大事な法則であり,材料の強さ学の出発点でもある.これらのことは,**機械強度学**(第3章)で学んでみよう.

1-4　材料と要素

　機械の運動や構造を決定するためには，使用する材料の種類に関する検討も必要である．同じ形をしたメカニズムでも材料の種類が異なれば，強度や密度など，さまざまな面で違いが生じてくる．なぜ，この部分にはこの材料を使用するのか．その理由を明確にしてから材料を入手する必要がある．そのためには，材料のもっている物理的・化学的な性質はもちろんのこと，さまざまな機械的性質やそのコストなども頭に入れておかなければならない．

　これまで機械材料には，鉄鋼材料を中心とした金属材料が多く用いられてきた．しかし，最近はさまざまなプラスチック材料やセラミックス材料などの用途も増えている．機械設計者には，材料に関する幅広い知識が求められているのである．また，機械設計者が新素材を開発することはないかもしれないが，どのようにして材料がつくり出されるのかという化学的側面の知識も，もの創りの場面で役立つはずである．これらのことは，**機械材料学**（第4章）で学んでみよう．

　使用する材料が決まったら，その機械をどこからつくるのかを考えることになる．すべてを板や棒の素材から創り出すことは困難なためである．たとえば，ねじが必要なときに棒材からねじを切り出したり，歯車が必要なときに円盤から歯車を切り出したりすることは，不必要な場合が多い．これらの機械要素はさまざまな種類のものが規格化されて，販売されているためである．機械要素には，ねじや歯車，ベルト・チェーン，軸・軸継手，軸受，ばねなどがある．規格化されたこれらの部品の中から，必要な寸法や材質製品を選定する．機械設計者には，この力が求められる．これらを適切に使用して，さらにはカムやリンクなどのメカニズムと組み合わせたりして，新しい運動が生み出されるのである．

　一見，複雑に感じられる機械の運動も，それぞれの部分に注目してみると，その一つひとつのメカニズムは案外とシンプルな機械要素の組合せからなることが多い．初心者が突然，画期的なメカニズムを考案することは難しいため，まずは基本的な機械要素を理解して使いこなせるようにしておきたい．また，日頃からさまざまな機械のメカニズムに注目してその動くしくみを考えたり，機械を分解してそのメカニズムを理解するなどのトレーニングを積んでおくとよい．これらのことは，**機械要素学**（第5章）で学んでみよう．

1-5　電気と制御

　機械の動きを生み出すためには，何らかのエネルギーの供給が必要である．自動車ならば熱エネルギーで動く熱機関，水車や風車ならば水や空気などの流体エネルギーで動く流体機械，そしてロボットならば，多くの場合，電気エネルギーで動くアクチュエータが用いられる．本書では，特に機械を動かすために必要な電気エネルギーや電気信号を取り扱う．

　多くの機械は電気で動いているため，機械設計者にも電気回路の基礎知識は不可欠である．中学校や高等学校でも電流，電圧，抵抗やオームの法則などは学ぶ．これらが電気回路を学ぶときの出発点となる．直列回路や並列回路なども聞いたことがあると思うが，これを机上の計算ではなく，スイッチやモータなどを導線で接続しながら完成させていくのである．

　電気回路の入力装置の基本は手動で操作するスイッチである．スイッチにはさまざまな種類のものがあり，これはまた，光や音などに反応するさまざまなセンサに代えることもできる．人手を介することなく機械を動かすためには，センサが不可欠である．また，人間の腕や脚にあたるような，実際に機械の動きを生み出すものを出力装置といい，このようなはたらきをするものをアクチュエータという．具体的にはモータ，ソレノイド，電磁弁などを指し，これらを電気回路の中に組み込んでおくことで，ある大きさの回転運動や直線運動が生み出されることになる．その先のさまざまなメカニズムはこれらの運動を出発点として考え出されるのである．

　機械のさまざまなアクチュエータをすべて手動で動かすことは現実的ではない場合が多い．これらを自動的に動かすためには，それらに適切な電気信号を送る必要がある．この電気信号は多くの場合，コンピュータのプログラムによって与えられる．機械システムが目的どおりにはたらくように所要の操作を加えることを制御といい，これにはシーケンス制御やフィードバック制御などの種類がある．電気や制御の部分は，その道の専門家に任せることも考えられるが，メカがわかっていないとどうしてよいのかわからないこともある．初心者のうちから，これらを区別することなく身につけてほしい．これらのことは，**機械制御学**（第6章）で学んでみよう．

1-6 工作と製図

　規格化された機械要素を入手しただけでは，機械のすべてを完成させることはできない．オリジナルの機械部品を生み出すためには，板材や棒材の切断や旋盤・フライス盤，ボール盤などの工作機械による切削加工，金属を溶かして接合したり形づくりをする溶接や鋳造，鍛造やプレスなどの塑性加工，もちろん，弓のこによる切断ややすりがけ，タップ・ダイスなどを用いた手仕上げも不可欠である．機械を設計するためには，これらの工作法をきちんと頭に入れておく必要がある．

　もちろん工作法は，本を読んで頭に入れておくだけでは，身についたとはいえない．実際に工作できる技能を身につけるためには，作業着を身にまとい，時には油にまみれながら，黙々と作業をこなした経験がものをいう．身のまわりに，使用できる工具や工作機械がある場合には，それらの適切な活用法を身につけて，できるだけ多くの時間，それらを実際に動かしてみることが上達への近道である．また，このとき，保護めがねや安全靴を着用して，十分安全に対する配慮を心がけることを忘れてはならない．これらのことは，**機械工作学**（第7章）で学んでみよう．

　創りたい機械の設計をその工作法を含めて検討し終わったら，それを図面に表す必要がある．最初のうちは簡単なスケッチでかまわないが，最終的には**日本産業規格**（JIS）などで定められた規則に従って，正確な図面を完成させるのである．図面を書くことの意義は，設計者がこれから創ろうとする機械を具体化できることにある．頭の中でイメージしていたものを実際に書き出してみると，ささいなことで実現が不可能な点や改良したい点が出てくる．それらを整理して，よりよい機械を創り出すため，改良を加えながら図面は完成していくのである．また，完成した図面は製作情報として伝達されるため，設計者以外が読んでも理解できなければならない．そのため，図面は正しくはっきりと描かれる必要がある．また，決められた期日までにきちんと完成させる計画性も大事である．

　最近では，コンピュータ画面上で機械製図ができる2次元や3次元のCADシステムも普及している．これをうまく活用すると，見やすい図面が描けるだけでなく，強度解析や機構解析に結びつけることもできる．これらのことは，**機械製図学**（第9章）で学んでみよう．

1-7 デジタルファブリケーション

デジタルファブリケーションとは，3Dプリンタやレーザ加工機，NC工作機械などのコンピュータに接続されたデジタル工作機械によって，素材からさまざまな形状のモノを成形する技術である．デジタル工作機械は町工場などにはすでに導入されており，さまざまなものづくりが行われているが，近年はファブラボなどの市民工房が広がりを見せており，3Dプリンタやレーザ加工機を一般市民が利用できる場所も増えている．これらの工房で活用できる材料は，木材やアクリルなどが多く，金属加工を行うことができる場所はまだ多くないが，今後このような流れが進んでいくと，金属加工ができる工房が増えたり，町工場と連携して個人がものづくりを行う場面などが増えてくるかもしれない．

ファブラボは1998年にマサチューセッツ工科大学でニール・ガーシェンフェルド教授がはじめた授業「（ほぼ）あらゆる物をつくる方法」を起源としている．ここで芽生えた，一般の人々がコンピュータという道具を介して工作機械にアクセスできるようになり製品を必要とする個人が自身で設計し生産するという，パーソナルファブリケーションという考え方は，その後，世界各国へと広がった．日本でも2010年春に鎌倉と筑波にファブラボが誕生し，その後も各地に誕生している．

デジタルファブリケーションと言うと，とかく3Dプリンタが取り上げられることが多いが，現在普及しつつある安価な3Dプリンタはどんな形状のものでもできるわけではない．また，すべてのものづくりがデジタルデータのみでできるわけではなく，失敗することもあるし，微妙な調整をやすりがけで行う部分もある．ただし，安価で精密に動くデジタル工作機械が登場して，ますます自分がほしいものを自分のために作るという動きは加速するかもしれない．市民が容易にものづくりに取り組むことができる環境ができることは喜ぶべきことであるが，専門的に機械系ものづくりを学ぶ人間はますます高度なものづくりを学ばなければならなくなるだろう．これらのデジタル工作機械を用いたものづくりのことは，**デジタル工作機械学**（第8章）で学んでみよう．

1-8　機械を創る

　機械を創るためには，それにかかわるさまざまな技術を用いて一つのものにまとめあげる力が求められる．何もないところから一つひとつを考えて，これまで世の中に存在していなかったものを創りあげること．そして，それを用いて，生活をより豊かなものにしていくこと．これが機械を創ることの意義でもある．

　もの創りが多くの若者たちから縁遠いものになってきた背景には，自分でもの創りをしなくても，それを買ってしまえば生活には困らなくなっていることがあげられる．また，どこかが壊れても高度な技術が集積された製品は素人にはとても修理できなくなっていることも要因であろう．自宅に大工道具や金工工具がそろっている家も少ないと思う．しかし，本当にこれから先，人間は手を動かしたもの創りをしなくなってもよいのだろうか．それで，21世紀の日本は，科学技術立国，もの創り立国としてやっていけるのであろうか．

　やはり，すべての人間に必要だと思われる内容は，学校教育の中にきちんと位置づけるべきである．現在，義務教育で唯一，もの創りを教えている中学校の技術科も単位数は年々削減されつつあり，現在はわずか週1時間ほどの授業時間しかない．ふつうに学校生活を行っているだけでは，もの創りができるようにはならないのである．もちろん，普通科の高校にもの創りを学ぶ時間がまったくないことも大きな問題である．

　しかし，工業高校や高等専門学校では，10代のうちから作業着を身につけてさまざまなもの創りを行っている．著者が教えている工業高校では，多くの生徒たちが目を輝かせながら，さまざまな機械やロボットを日々製作している．彼らの多くは大学工学部に進学しているが，どこの大学に進学しても実験や実習での行動には自信をもって取り組んでいる．本校での活動のいくつかは
機械創造学（第10章）で紹介したい．

　本書では初心者でも，ある程度の機械を設計して完成させることができるようになることを目標にしている．次章以降で，より具体的な内容に入っていく．

第2章　機械運動学

2-1　機械にはたらく力

　機械に運動をさせるためには，何らかの力を加える必要がある．力は大きさと方向をもった物理量であり，これをベクトルという．力の単位には，ニュートン〔N〕が用いられる．1Nとは「質量1kgの物体に作用して1m/s^{2}の加速度を生じさせる力の大きさ」のことである．これは国際単位系（SI）で表され，基本単位で書き表すと，1〔N〕＝1〔kg·m/s^2〕となる．従来，工学では重力単位系が用いられており，ここでは力の単位としてキログラム重〔kgf〕が使用されてきた．1kgfとは「地球上で質量1kgの物体を持ち上げるのに必要な力の大きさ」のことである．重力単位系における質量とは，重量〔kgf〕を重力加速度g〔m/s^2〕で割った値を使用している．すなわち，1kgf＝9.8Nで表される．なお，重力の差は「地球の自転によって起こる遠心力」と「引力」の違いによって生じる．北極では地球の自転軸からの距離がないため，回転によって外に振られる遠心力はほぼゼロになり，一方で重力は大きくなる．赤道では引力は小さく遠心力が大きいので重力は小さくなる．日本の各地でも，重力加速度の値は，札幌9.805m/s^2，東京9.798m/s^2，那覇9.791m/s^{2}と異なる．

　国際標準値はg＝9.80665m/s^{2}であり，一般には9.8m/s^{2}が使用されている．

　体重60kgfの人間が月面で体重計にのると，体重計の目盛は10kgfになる．これは，月面の重力加速度が地球上の約6分の1のためであり，人体そのものがもつ，もともとの量は変化していない．日常的に重さとよんでいるのは重量のことであり，質量とほぼ同じ意味で使用されているが，科学的には厳密に区別する必要がある．

2-2　力の合成と分解

物体にある二つ以上の力が同時にはたらくとき，これと同じ一つの力を求めることを**力の合成**という．また，一つの力を同じはたらきをする二つ以上の力に分けることを**力の分解**という．

図 2-1 において，力 F_1 と力 F_2 を合成したものは力 F である．また，力 F を直角な二つの力に分解したものが力 F_1 と力 F_2 である．直角な 2 力である力 F_1 と力 F_2 の合力 F と，力 F と力 F_1 のなす角は次式で表される．

$$F = \sqrt{F_1{}^2 + F_2{}^2} \qquad \tan\theta = \frac{F_2}{F_1}$$

力は大きさと向きをもつベクトル量である．そのため，向きを一直線上に表さなければ，単に $F = F_1 + F_2$ のような計算をすることはできない．

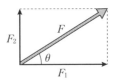

図 2-1　力の分解

例 2-1　力の合成

図 2-1 において，力 F_1 が 60 N，力 F_2 が 30 N のとき，力の合力の大きさと方向を求めよ．

解答　$F = \sqrt{F_1{}^2 + F_2{}^2} = \sqrt{60^2 + 30^2} = \sqrt{4\,500} = 67$ N

$\tan\theta = \dfrac{F_2}{F_1} = \dfrac{30}{60} = 0.5$

2-3 力のモーメント

機械の運動は回転運動で表されることが多い．物体を回転させようとする力のはたらきのことを**力のモーメント**という．

図2-2において，点Oから距離 r のところにある点Aに力 F を加えたときの力のモーメント M は次式で表される．

$$M = F \cdot r$$

力のモーメントの単位には〔N·m〕や〔N·mm〕などが用いられる．

また，力のモーメントには向きがあり，図2-2のように左まわりで表されるものを正（プラス），右まわりで表されるものを負（マイナス）をすることが定められている．

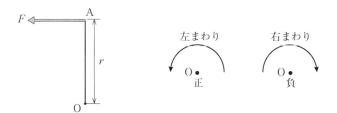

図2-2 力のモーメント　　　**図2-3 モーメントの正負**

例2-2　力のモーメント

図2-2において $F = 50\,\mathrm{N}$, $r = 0.2\,\mathrm{m}$ のとき，点Oのまわりの力のモーメントを求めよ．

解答　$M = F \cdot r = 50 \times 0.2 = 10\,\mathrm{N \cdot m}$

2-4　物体の運動

物体の位置が時間ともに変わることを物体の運動といい，直線運動や回転運動，その他さまざまな曲線運動がある．物体の位置の変化を**変位**といい，時間に対する変位の割合を**速度**という．速度が一定の運動を**等速度運動**といい，時間 t〔s〕間に距離 s〔m〕だけ動くときの速度 v〔m/s〕は次式で表される．

$$v = \frac{s}{t} \quad \text{〔m/s〕}$$

速度の単位には〔km/h〕も用いられるため，単位の換算ができるようにしておくとよい．

$1\,\text{km} = 1\,000\,\text{m}$，$1\,\text{h} = 3\,600\,\text{s}$ より

$$1\,\text{m/s} = 1\,\text{m}/1\,\text{s} = \frac{(1/1\,000)\,\text{km}}{(1/3\,600)\,\text{h}} = \frac{3\,600\,\text{km}}{1\,000\,\text{h}} = 3.6\,\text{km/h}$$

すなわち，〔m/s〕を 3.6 倍すれば〔km/h〕になり，〔km/h〕を 3.6 で割れば〔m/s〕になる．

例 2-3　等速度運動

新幹線で品川-新大阪 552.6 km（営業キロ数）を 2 時間 28 分で走るときの平均時速を〔km/h〕と〔m/s〕の単位で求めよ．

解答　$v = \dfrac{s}{t} = \dfrac{552.6}{2 + 28/60} = 223.7\,\text{km/h} = \dfrac{223.7}{3.6} = 62.1\,\text{m/s}$

速度が時間の経過とともに変化する割合を**加速度**といい，加速度の増加の割合が一定の運動を**等加速度運動**という．加速度の単位には〔m/s²〕が用いられ，これを「メートル毎秒毎秒」と読む．$1\,\text{m/s}^2$ とは，1 s の間に 1 m/s ずつ速度が変化する運動をいう．

時間 t〔s〕の間に速度が v_0〔m/s〕から v〔m/s〕に変化したときの加速度 a〔m/s²〕は次式で表される．

$$a = \frac{v - v_0}{t} \quad \text{〔m/s}^2\text{〕}$$

また，等加速度運動において，初速度が v_0〔m/s〕，加速度が a〔m/s²〕のとき，

t〔s〕後の速度 v〔m/s〕は次式で表される.

$$v = v_0 + at \ \text{〔m/s〕}$$

初速度 v_0〔m/s〕, t〔s〕後の速度が v〔m/s〕のとき, この間の移動距離 S〔m〕は次式で表される.

$$S = v_0 t + \frac{1}{2} at^2 \ \text{〔m〕}$$

上の2式から t を消去すると次式が得られる.

$$v^2 - v_0^2 = 2aS \ \text{〔m}^2/\text{s}^2\text{〕}$$

例 2-4　等加速度運動

速度 10 m/s で直進している物体が一定の加速度で, 20 m 進んだとき, 同じ向きに 5 m/s の速度になった. このときの加速度を求めよ. また, さらに何 m 進むと, この物体は静止するかを求めよ.

[解答]　$v^2 - v_0^2 = 2aS$ より, $5^2 - 10^2 = 2a \times 20$

よって, 加速度 $a = -1.9 \ \text{m/s}^2$

$v = v_0 + at$ より, $0 = 10 + (-1.9) \times t$

よって, 時間 $t = 5.3 \ \text{s}$. $S = v_0 t + \frac{1}{2} at^2$ に代入すると

$$S = 10 \times 5.3 + \frac{1}{2} \times (-1.9) \times 5.3^2 = 26.3 \ \text{m}$$

よって, $26.3 - 20 = 6.3 \ \text{m}$

変位 x, 速度 v, 加速度 a の関係は, 単位時間あたりの変化量である微分を用いてまとめることができる.

すなわち, 変位を時間で微分すると速度が求められる. $\frac{dx}{dt} = v$. また, 速度を時間で微分すると加速度が求められる. $\frac{dv}{dt} = a$. このことは, 変位を時間で2階微分すると加速度が求められることと同意である. $\frac{d^2 x}{dt^2} = a$.

さらに加速度を時間で微分したものををジャーク j といい, 乗物やエレベータなどの乗り心地を検討する際に用いられる. $\frac{d^2 a}{dt^2} = j$.

2-5　円運動

　半径 r〔m〕の円周上を点が等しい速度で回転しているような運動を**等速円運動**という．点が円周に沿って動く速度を**周速度** v〔m/s〕，一周する時間を**周期**〔s〕といい，その関係は次式で表される．

$$v = \frac{2\pi r}{T} \ \text{〔m/s〕}$$

　また，周期 T の逆数を**周波数** f といい，その関係は次式で表される．周波数の単位は〔Hz〕である．

$$f = \frac{1}{T} \ \text{〔Hz〕}$$

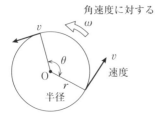

図 2-4　等速円運動　　　　**図 2-5　角速度の考え方**

　国際単位系（SI）では角度の大きさにはラジアン〔rad〕を採用している．1 rad は円の半径に等しい長さの弧の中心に対する角度のことである．円周角は $360°$ であり，これが 2π〔rad〕になる．また，半径 r〔mm〕で θ〔rad〕に対する円弧の長さを l〔mm〕とすると，$l = r\theta$〔mm〕で表される．

　単位時間に変化する角度の割合を**角速度**といい，t〔s〕の間に θ〔rad〕だけ変位したときの角速度 ω〔rad/s〕は次式で表される．

$$\omega = \frac{\theta}{t} \ \text{〔rad/s〕}$$

　また，θ が 2π〔rad〕のときには t が周期 T〔s〕になるため，次式で表される．

$$\omega = \frac{2\pi}{T} \ \text{(rad/s)}$$

上式と $v-2\pi r/T$〔m/s〕から，T を消去すると，次式が得られる．

$$v = r\omega \ \text{(m/s)}$$

機械の回転運動は，1 分間あたりの回転数 n〔rpm〕で表すことが多い．これを**回転速度**ともいい，角速度 ω〔rad/s〕との関係は次式で表される．

$$1 \ \text{rpm} = \frac{2\pi}{60} \ \text{(rad/s)} \qquad \omega = \frac{2\pi n}{60}$$

例 2-5　円運動

直径 0.2 m の車輪が，回転速度 2 000 rpm で回転しているときの，角速度と周速度を求めよ．

解答　角速度 $\omega = \dfrac{2\pi n}{60} = 2\pi \times \dfrac{2\,000}{60} = 209 \ \text{rad/s}$

周速度 $v = r\omega = \dfrac{0.2}{2} \times 209 = 20.9 \ \text{m/s}$

追記

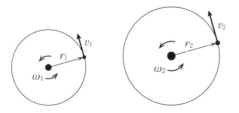

図 2-6　周速度 v

$v = r\omega$ より，$\omega_1 = \omega_2$ のとき，

$v_1 = r_1\omega,\ \ v_2 = r_2\omega$ より，

　半径 r が大きいほうが，周速度 v は大きくなる．すなわち，タイヤの回転軸が等しい角速度で回転していても半径が大きいタイヤのほうが周速度 v は大きくなることがわかる．

2-6　運動の法則（ニュートンの三法則）

（1）第一法則

　物体は外から力が作用しない限り，運動の状態は変わらない．すなわち，物体は静止または等速度運動を続ける．これを**慣性の法則**という．ここで，慣性とは，運動の状態を続けようとする性質のことである．

（2）第二法則

　質量 m〔kg〕の物体に力 F〔N〕が作用したときに生じる加速度の大きさ a〔m/s^2〕は，力の大きさに比例し，その方向は力の方向に一致する．この法則を数式で表したものを**運動方程式**という．

$$ma = F \ \text{〔N〕}$$

（3）第三法則

　二つの物体間に相互に作用する力の大きさは等しく，方向は反対である．すなわち，作用と反作用は等しい．これを**作用・反作用の法則**という．

例 2-6　運動の法則

　① 　質量 0.4 kg の物体に 2.0 m/s^2 の加速度を生じさせる力は何 N か．

解答　$F = ma = 0.4 \times 2.0 = 0.8\,\text{N}$

　② 　質量 500 kg のロケットがジェット噴射により鉛直上向きに 8 000 N の推進力を受けているとき，ロケットはどのくらいの加速度で上昇するか求めよ．

解答　下向きに重力 mg がはたらいていることを忘れずに運動方程式を立てると，$ma = F - mg$ より

$$a = \frac{F - mg}{m} = \frac{8\,000 - 500 \times 9.8}{500} = 6.2\,\text{m/s}^2$$

2-7　運動量と力積

運動している物体の質量 m〔kg〕と速度 V〔m/s〕との積を**運動量** P〔kg·m/s〕といい，次式で表される．

　　　$P = m \cdot v$〔kg·m/s〕

運動量は運動の激しさを表す量であり，質量が大きいほど，速度が大きいほど運動を止めにくいことを表している．

また，物体に作用した力 F〔N〕と，その力が作用した時間 t〔s〕との積を**力積**といい，これは運動量の変化に等しい．この関係は次式で表される．

　　　$Ft = mv - mv_0$〔N·s = kg·m/s〕

　　　$F = \dfrac{m(v - v_0)}{t}$

2物体の衝突などで物体間の運動量を変化させる力積が，物体間の作用・反作用の力だけの場合には，**運動量保存の法則**が成り立つ．

....

例 2-7　運動量と力積

①　質量 800 kg の自動車が，速度 20 m/s で直線を走っている．このときの運動量を求めよ．

解答　$P = m \cdot v = 800 \times 20 = 16 \times 10^3$ kg·m/s

②　ある物体に 200 N の力が 2.0 s の間作用するときの力積を求めよ．

解答　$Ft = 200 \times 2.0 = 400$ N·s

③　質量 80 kg の物体が，速度 10 m/s で直線運動をしている．このとき，運動の同じ向きから 20 N の力を 2.0 s 加えたときの，物体の速度を求めよ．

解答　$F = m(v - v_0)/t$ より

　　　$v = \dfrac{Ft}{m} + v_0 = \dfrac{20 \times 2.0}{80} + 10 = 10.5$ m/s

....

2-8　仕事と動力

物体に力 F〔N〕が作用して，力の作用方向に距離 L〔m〕だけ移動させたとき，力は**仕事** W をしたという．仕事の単位は〔N·m〕または〔J〕であり，この関係は次式で表される．

$$W = F \cdot L \ \text{〔N·m〕 または 〔J〕}$$

（1）仕事の単位の換算

$1 \, \text{kgf} = 9.8 \, \text{N}$ より

$1 \, \text{kgf·m} = 9.8 \, \text{N·m} = 9.8 \, \text{J}$

$1 \, \text{J} = \dfrac{1}{9.8} \, \text{kgf·m} = 0.102 \, \text{kgf·m}$

単位時間あたりの仕事を**動力**（または**仕事率**）P という．動力の単位は〔J/s〕または〔W〕であり，この関係は次式で表される．

$$P = \frac{W}{t} = \frac{F \cdot L}{t} = F \cdot v \ \text{〔J/s〕 または 〔W〕}$$

（2）動力の単位の換算

$1 \, \text{kgf·m/s} = 9.8 \, \text{J/s} = 9.8 \, \text{W}$

$1 \, \text{W} = 0.102 \, \text{kgf·m/s} = 1 \, \text{J/s}$

$1 \, \text{kW} = 102 \, \text{kgf·m/s} \fallingdotseq 1.36 \, \text{PS}$

PS は馬力の単位であり，エンジンの性能を表すときなどに使用される．

例 2-8　仕事と動力

① 質量 10 kg の物体を 1.2 m 持ち上げるのに必要な仕事を求めよ．

解答　$W = F \cdot L = 10 \times 9.8 \times 1.2 = 118 \, \text{N·m}$ または J

② 質量 50 kg の物体に力を加えて，5.0 s の間に 10 m 持ち上げた．このときの動力（仕事率）を求めよ．

解答　$P = W/t = F \cdot L/t$ より

$P = \dfrac{50 \times 9.8 \times 10}{5.0} = 980 \, \text{J/s}$ または W

2-9 エネルギー

エネルギーとは物理的な仕事をする能力のことである．機械エネルギーには，位置エネルギー，運動エネルギー，ばねに蓄えられる弾性エネルギーなどがある．

（1）位置エネルギー

質量 m〔kg〕の物体が高さ h〔m〕にあるときの位置エネルギー E_p は，重力加速度 g〔m/s^2〕を用いて，次式で表される．

$$E_p = mgh \ \text{〔J〕}$$

（2）運動エネルギー

質量 m〔kg〕の物体が速度 v〔m/s〕で動いているときの運動エネルギー E_k は，右の式で表される．

$$E_k = \frac{1}{2} mv^2 \ \text{〔J〕}$$

（3）ばねのもつ弾性エネルギー

ばねの伸びを x〔m〕，ばね定数を k〔N/m〕とすると，ばねのもつ弾性エネルギー E_s は，右の式で表される．

$$E_s = \frac{1}{2} kx^2 \ \text{〔J〕}$$

例2-9 エネルギー

① 質量 20 kg の物体が地上 5.0 m のところを 10 m/s で運動している．このとき，地面を基準とした位置エネルギーと運動エネルギーを求めよ．

解答 位置エネルギー $E_p = mgh = 20 \times 9.8 \times 5.0 = 980 \ \text{J}$

運動エネルギー $E_k = \dfrac{1}{2} mv^2 = \dfrac{1}{2} \times 20 \times 10^2 = 1\,000 \ \text{J}$

② 質量 40 g の物体をつるすと，4.0 cm 伸びるばねがある．このばねが 10 cm 伸びているときの弾性エネルギーを求めよ．

解答 ばねが伸びているときには，ばねを引く力 kx は重力 mg とつり合いの関係にあるため，$kx = mg$ より，ばね定数 k が求まる．

$$k = \frac{mg}{x} = \frac{0.04 \times 9.8}{0.04} = 9.8 \ \text{N/m}$$

よって，弾性エネルギーは

$$E_s = \frac{1}{2} kx^2 = \frac{1}{2} \times 9.8 \times 0.1^2 = 4.9 \times 10^{-2} \ \text{J}$$

2-10　摩　擦

　水平面上にある質量 m 〔kg〕の物体に水平力 F 〔N〕を加えて動かそうとすると，接触面にはすべりを妨げようとする抵抗力が生じる．これを**摩擦力**という．水平力 F 〔N〕の大きさが摩擦力を上回ると物体はすべり出す．このすべり出す瞬間の摩擦力を**静止摩擦力** f_0 といい，この関係は式 $f_0 = \mu_0 R$ 〔N〕で表される．

　ここで μ_0 を**静摩擦係数**といい，接触する材質や接触状態によって異なる．R は垂直応力といい接触面を垂直に押し付ける力である．

　また，物体が動き出してからも摩擦力ははたらいている．これを**動摩擦力** f といい，この関係は式 $f = \mu R$ 〔N〕で表される．

　ここで μ を**動摩擦係数**という．

　斜面の上に物体を置いて，これを少しずつ傾けていくと，やがて物体はすべり始める．このときの斜面の角 θ を**摩擦角**という．

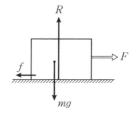

図 2-7　摩　擦

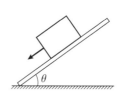

図 2-8　摩擦角

例 2-10　摩　擦

　摩擦のある面に置かれている質量 10 kg の物体に少しずつ力を加えていったところ，9.8 N の力を加えたときに物体は動き始めた．このとき，物体と面の間の静摩擦係数を求めよ．

解答　$f_0 = \mu_0 R$ より

$$\mu_0 = \frac{f_0}{R} = \frac{9.8}{10 \times 9.8} = 0.1$$

第 3 章　機械強度学

3-1　材料の強さ

　丈夫で壊れない機械をつくることは，機械設計において最も重要なことがらの一つである．そのためには，設計しようとする機械の各部分にはたらく力を知っておく必要がある．どんなに大きな力を受けても壊れないという材料はない．そのため，各部分にはたらく力を予想し，それに耐えられる適切な材料の形や種類を決めるのである．

　機械の各部分にはたらく力は複雑なものが多いため，それを計算で求めることは複雑なことのように思える．しかし，複雑に見える力も引張りや圧縮，曲げ，ねじりなど，いくつかの単純な種類に分けて考えることができる．ここでは，それぞれの公式が意味している物理的な意味をきちんと説明したうえで，実際の計算をしてみる．

1　引張りと圧縮

　棒を軸方向に引き伸ばすような荷重を**引張荷重**，押し縮めるような荷重を**圧縮荷重**という．材料の強さを表すものとして単位面積あたりの力である**応力**がある．断面積を A〔mm^2〕，荷重を W〔N〕とすると，応力 σ は次式で表される．応力の単位は〔N/mm^2〕であるが，$1\,\mathrm{N/m^2}=1\,\mathrm{Pa}$ より，$1\,\mathrm{N/mm^2}=1\,\mathrm{MPa}$ となるため，〔MPa〕も多く使用される．

$$\sigma = \frac{W}{A} \quad \text{〔N/mm}^2\text{〕 または 〔MPa〕}$$

　力を断面積で割る理由は，同じ力でもそれを小さな断面積の細い棒で受けるのと，大きな断面積の太い棒で受けることを区別するためである．たとえば，家の柱は同じ材料ならば太いほど重たい屋根の荷重を支えることができるが，その分だけ部屋が狭くなってしまう．また，航空機の構造材は太すぎると機体が重くなり，燃料消費量が多くなってしまう．太さによる違いは，断面積で割ることで見

えてくるのである.

また,引張荷重や圧縮荷重を加えると,材料は伸びたり縮んだりして変形する.この変形量が元の長さに対してどれくらいかを表したものを**ひずみ**という.

長さ L〔m〕の材料が引張荷重を受けて ΔL〔m〕だけ伸びて変形したとする.このときのひずみ ε は,次式で表される.

$$\varepsilon = \frac{\Delta L}{L}$$

引張荷重や圧縮荷重による変形のように軸方向へのひずみを**縦ひずみ**という.

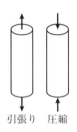

引張り 圧縮

図 3-1 引張りと圧縮

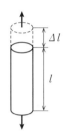

図 3-2 縦ひずみ

例 3-1 応力とひずみ

長さ 20 cm,直径 14 mm の丸棒に 80 kN の引張荷重を加えたときの応力を求めよ.また,このとき丸棒は 10 mm 伸びた.このときのひずみを求めよ.

解答 荷重 $W = 80\,\text{kN} = 80\,000\,\text{N}$,断面積 $A = \pi/4 \times 14^2 = 154\,\text{mm}^2$ より

応力 $\sigma = \dfrac{W}{A} = \dfrac{80\,000}{154} = 519\,\text{N/mm}^2$ または MPa

長さ $L = 20\,\text{cm} = 200\,\text{mm}$,伸び $\Delta L = 10\,\text{mm}$ より

ひずみ $\varepsilon = \dfrac{\Delta L}{L} = \dfrac{10}{200} = 0.05$

② せん断

　はさみで紙を切るときのように，断面に対して平行で逆向きにはたらく力を**せん断荷重**という．せん断荷重を W〔N〕，それが生じている断面積を A〔mm²〕とすると，せん断応力 τ〔N/mm²〕は次式で表される．

$$\tau = \frac{W}{A} \text{〔N/mm}^2\text{〕 または〔MPa〕}$$

　式の形は，引張荷重と同様であるが，せん断を受ける断面積の場所をきちんと把握しておく必要がある．

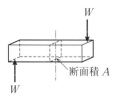

図 3-3　せん断

③ 曲げ

　棒状をしたはりが曲げ作用を受けるときには各部にはたらく応力を求めて機械設計に役立てることができる．はりの種類には，片側の端が固定されている**片持ばり**や両端で支持されている**単純支持ばり**がある．また，はりに加わる荷重には，はりに1点の荷重が加わる**集中荷重**とはりの全長に分布した荷重が加わる**分布荷重**がある．

④ ねじり

　軸がねじり作用を受けるときには，各部にはたらく応力を求めて，機械設計に役立てることができる．軸をねじる力はせん断力が次々と伝わっているものと考えられる．これを**ねじりモーメント**といい，ねじりによって生じる角を**ねじれ角**という．

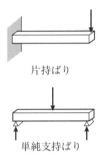

図 3-4　はりの種類

⑤　座　屈

　細長い柱が軸方向の圧縮荷重を受けるとき，柱は圧縮される前に曲がって大きくたわむことがある．これを**座屈**といい，このような柱を**長柱**という．長柱の長さは，その長さや断面形状，材料，端部の支持条件などを考慮して求める．

　これらの荷重 W の種類に応じて計算することで，機械の各部分にはたらく荷重やモーメントなどを理解し，不都合な変形をおこさないように設計することができる．本章では次にこれらのうち，引張りと曲げについて詳しく見ていくことにする．

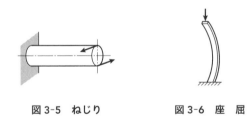

図 3-5　ねじり　　　　　図 3-6　座　屈

3-2　引張りによる材料の変形

　材料の引張強さを調べるためには引張試験が行われる．この試験では，試験片の両端をつかんで，ゆっくりと荷重を加えながらこのときの荷重と伸びの関係や応力とひずみの関係を得ることができる．ここでは，軟鋼の応力-ひずみ曲線を読んでみる．

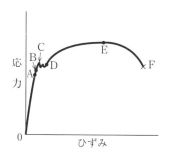

図 3-7　応力-ひずみ線図

① 　荷重を 0 から少しずつ上げていくと，OA 間の応力とひずみの関係は直線的に表される．この比例関係を表したものを**フックの法則**いう．また点 A を比例限度という．

② 　点 A をこえてさらに荷重を加えると，点 A から点 B までは直線 OA とは若干異なる線図になる．点 B までは荷重を取り去ると変形が元に戻る**弾性**という性質をもつ．また，点 B を**弾性限度**という．

③ 　点 C を**降伏点**といい，ここから点 D までは応力は増加せず，ひずみだけが増加する．軟鋼の降伏点ははっきりと現れるが，そうでない材料も多い．

④ 　点 E は応力の最大値であり，これを材料の**極限強さ**という．引張試験ではこれを**引張強さ**といい，材料の強さにおいては重要な値となっている．

⑤ 　点 E をすぎると試験片の中央部にくびれが生じ，点 F で**破断**する．

フックの法則は軸方向に垂直な応力 σ と縦ひずみ ε が比例することを表しており，この比例定数を**縦弾性係数** E という．軟鋼の E は 206 GPa である．

$$\sigma = E\varepsilon$$

また，$\sigma = W/A$ と $\varepsilon = \Delta L/L$ の関係を用いると，次式のように表すことができる．

$$E = \frac{\sigma}{\varepsilon} = \frac{W/A}{\Delta L/L} = \frac{WL}{A\Delta L}$$

また，せん断応力 τ とせん断ひずみ γ の比例限度内でも同様の関係が成り立つ．この比例定数を**横弾性係数** G といい，この関係は次式で表される．軟鋼の G は 82 GPa である．

$$G = \frac{\tau}{\gamma}$$

棒に引張荷重を加えると，軸方向に伸びて縦ひずみ ε が生じると同時に，荷重と直角な方向に横ひずみ ε_1 が生じる．両ひずみの比は弾性限度内ならば一定である．これを**ポアソン比** μ といい，次式で表される．軟鋼のポアソン比は 0.28〜0.30 である．

$$\mu = \frac{\varepsilon_1}{\varepsilon}$$

なお，弾性限度以上の点まで荷重を加えると，その荷重を除いても変形は残ってしまう．材料のもつこのような性質を弾性に対して**塑性**という．機械設計では各部材にはたらく力が塑性範囲に入らないよう，弾性範囲内で使用する．

軟鋼やアルミニウム合金，銅合金など，多くの金属材料に静的な荷重を加えたとき，材料は大きな塑性変形をしてから破断する．また，このような性質を示す材料を**延性材料**という．これに対して，鋳鉄やコンクリートなどはほとんど塑性変形をせずに破断する．このような材料を**脆性材料**という．

3-3 曲げによる材料の変形

はりに荷重が加わると，その反作用として支点には反力がはたらく．そして，荷重と反力がつり合っているときには次の二つの条件が成り立つ．

① 荷重と反力の和は 0 である．

② どの断面でも力のモーメントの和は 0 である．

せん断力と曲げモーメントの符号は，図 3-8 に示すように決められている．

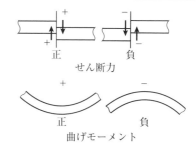

図 3-8 せん断力と曲げモーメントの符号

1 両端支持ばり

（a） 集中荷重が加わるとき

長さ l の単純支持ばりに集中荷重 W が加わるとき，はりにはたらく反力 R やせん断力 F，曲げモーメント M などを求められる．

（1）反 力

荷重と反力の和は 0 であるから

$$R_A + R_B = W$$

どの断面でも力のモーメントの和は 0 であるから，点 A のまわりのモーメントを求めると

$$R_B l - Wa = 0$$

よって，反力は，$R_B = Wa/l$，$R_A = W - R_B = Wb/l$ となる．

（2）せん断力

AC 間では $F_{AC} = R_A$，CB 間では $F_{CB} = -R_B$ がはたらく．

（3）曲げモーメント

荷重が加わっている点 C に最大曲げモーメント $M_{max} = R_A \cdot a = Wab/l$ がはたらく．

これらの関係を図示すると図 3-9 のようになり，それぞれせん断力図 F，曲げモーメント図 M という．

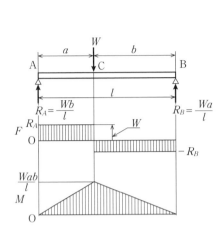

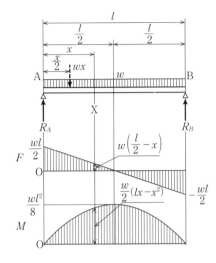

図 3-9　集中荷重を受ける単純支持ばり　　図 3-10　等分布荷重を受ける単純支持ばり

（b）等分布荷重が加わるとき

（1）反　力

はりの単位長さに加わる等分布荷重を w とすると，全体の荷重は wl となるため，反力はそれぞれ

$$R_A = R_B = \frac{wl}{2}$$

となる．

（2）せん断力

断面 X では R_A と wx の差となるから

$$F_x = R_A - wx = \frac{wl}{2} - wx = w\left(\frac{l}{2} - x\right)$$

（3）曲げモーメント

断面 X では

$$M_x = R_A - wx \cdot \frac{x}{2} = \frac{wl}{2} \cdot x - \frac{wx^2}{2} = \frac{w}{2}(lx - x^2)$$

であり，$x = l/2$ のとき，$M_{\max} = \dfrac{wl^2}{8}$

となる．両端部では 0 になり，曲線は放物線になる．これらの関係を図示すると図 3-10 のようになる．

② 片持ばり

（a）集中荷重が加わるとき

長さ l の片持ばりの自由端に集中荷重 W が加わるとき，はりにはたらくせん断力 F はどこでも同じ大きさ W である．また，曲げモーメント M は荷重点からの距離に比例し，自由端で 0，固定端で絶対値が最大 Wl になる．

（b）等分布荷重が加わるとき

長さ l の片持ばりに等分布荷重 w が加わるとき，はりにはたらくせん断力 F は荷重点からの距離に比例し，自由端で 0，固定端で最大 wl となる．また，曲げモーメント M は w を単位長さあたりの荷重として，wl の荷重が片持ばりの中央部である $l/2$ の点に加わったものとし，自由端で 0，固定端では $M = -wl^2/2$ になる．

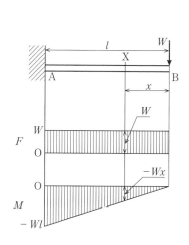

図 3-11　集中荷重を受ける片持ばり

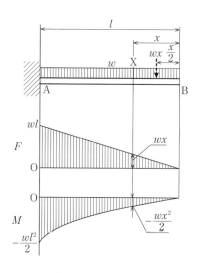

図 3-12　等分布荷重を受ける片持ばり

3-4　断面係数

　これまでの説明では断面の形状は考慮していなかったが，実際のはりはさまざまな断面形状をしている.

　はりに**曲げ応力**を加えると図3-13のようなときには**中立面**の上側で圧縮，下側で引張りの作用を受ける. **中立軸**は伸び縮みのない軸である.

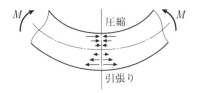

図 3-13　曲げ応力

　曲げ応力は中立面からの距離に比例し，最上面か最下面で最大になり，これを**縁応力**という.

　曲げ応力 σ は，曲げモーメントを M，断面二次モーメントを I，中立面からの距離を y とすると，次式で表される.

$$\sigma = \frac{M}{I/y} \quad \text{または} \quad M = \frac{\sigma}{y} \cdot I$$

　ここで，**断面二次モーメント** I は断面形状と中立軸の位置によって決まるものである. よって，はりの断面形状がわかれば I は求まり，曲げモーメント M が与えられると，はりの任意の位置における曲げ応力を求めることができる. また，I/y を**断面係数** Z といい，次式で表される.

$$Z = \frac{I}{y}$$

　上式において y は中立軸からの距離を表しているため，円や長方形など中立軸に対して対称な断面形状では縁応力の大きさは引張側と圧縮側で同じ大きさになる. また，Z を用いると，曲げ応力 σ は次式で表される.

$$M = \sigma Z \quad \text{または} \quad \sigma = \frac{M}{Z}$$

表 3-1　各種断面形状の断面二次モーメント I と
　　　　断面係数 Z

断面〔mm〕	I〔mm^4〕	Z〔mm^3〕
N ［長方形、高さ h、幅 b］	$\dfrac{1}{12} bh^3$	$\dfrac{1}{6} bh^2$
［円、直径 d］	$\dfrac{\pi}{64} d^4$	$\dfrac{\pi}{32} d^3$
［中空円、内径 d_1、外径 d_2］	$\dfrac{\pi}{64}(d_2{}^4 - d_1{}^4)$	$\dfrac{\pi}{32} \cdot \dfrac{d_2{}^4 - d_1{}^4}{d_2}$
［中空長方形、b, h, b_1, h_1］	$\dfrac{bh^3 - b_1 h_1{}^3}{12}$	$\dfrac{bh^3 - b_1 h_1{}^3}{6h}$

　代表的な断面形状の断面積 A〔mm^2〕，断面二次モーメント I〔mm^4〕，断面係数 Z〔mm^3〕を表3-1にまとめる．

　断面係数 Z と曲げモーメント M，許容曲げ応力 σ の間には次式の関係があることが知られている．

$$\sigma = \frac{M}{Z} \quad または \quad Z = \frac{M}{\sigma}$$

例 3-2　断面係数

直径 d が 6 mm の丸棒と，外径 d_1 が 10 mm で内径 d_2 が 8 mm のパイプの断面係数をそれぞれ求めよ．

解答　丸棒　$Z = \dfrac{\pi d^3}{32} = \dfrac{\pi \times 6^3}{32} = 21.2 \text{ mm}^3$

パイプ　$Z = \dfrac{\pi}{32} \cdot \left(\dfrac{d_2{}^4 - d_1{}^4}{d_2} \right) = \dfrac{\pi}{32} \cdot \left(\dfrac{10^4 - 8^4}{10} \right) = 57.9 \text{ mm}^3$

この両者の断面積は等しいが，断面係数は異なる．すなわち，使用する材料の量が同じならば，丸棒よりパイプのほうが曲げに強いことがわかる．

例 3-3　曲げ応力

断面係数 $4.0 \times 10^4 \text{ mm}^3$ の丸棒が，6.0×10^6 N·mm の曲げモーメントを受けているときの曲げ応力を求めよ．

解答　$\sigma = M/Z$ より

$\sigma = \dfrac{6.0 \times 10^6}{4.0 \times 10^4} = 150 \text{ N/mm}^2$ または MPa

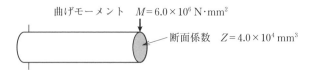

曲げモーメント　$M = 6.0 \times 10^6$ N·mm²

断面係数　$Z = 4.0 \times 10^4 \text{ mm}^3$

図 3-14

例 3-4　はりの曲げと断面係数

下図のように高さと幅との比が $3:2$ の片持ばりが集中荷重を受けている．このときのせん断力と曲げモーメントを求め，せん断力図と曲げモーメント図を図示せよ．また，はりの許容曲げ応力が 40 MPa のとき，その断面の高さと幅を求めよ．

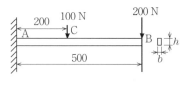

図 3-15

解答 ① せん断力を求める.

図より, $F_{BC} = 200$ N, $F_{AC} = 200 + 100 = 300$ N

② 曲げモーメントを求める.

$$M_{BC} = -200 \times 500 = -100 \times 10^3 \text{ N·mm}$$

$$M_{AB} = -100 \times 200 = -20 \times 10^3 \text{ N·mm}$$

よって, 最大曲げモーメントは固定端に生じ

$$M_{\max} = -120 \times 10^3 \text{ N·mm}$$

はりの曲げ応力 $\sigma = 40$ MPa, 最大曲げモーメント $M_{\max} = 120 \times 10^3$ N·mm より

$$Z = \frac{M_{\max}}{\sigma} = \frac{120 \times 10^3}{40} = 3.0 \times 10^3 \text{ mm}^3$$

$h : b = 3 : 2$ より, $b = (2/3)h$

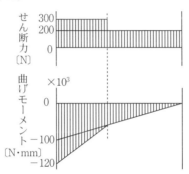

図 3-16 せん断力図と曲げモーメント図

よって

$$Z = \frac{bh^2}{6} = \frac{2}{3} \cdot h \cdot \frac{h^2}{6} = \frac{h^3}{9}$$

ここで, $Z = 3.0 \times 10^3$ mm^3 より, $h^3/9 = 3.0 \times 10^3$

$$h^3 = 3.0 \times 10^3 \times 9 = 27 \times 10^3 \quad \therefore \quad h = 30 \text{ mm}$$

$$b = \frac{2}{3} \times 30 = 20 \text{ mm}$$

3-5 はりのたわみ

　はりが湾曲したときにできる曲線を**たわみ曲線**という. 片持ばりでは, 固定端のたわみは 0, 自由端のたわみが最大となる. 単純支持ばりでは, 中央に荷重を受けているとき, 中央が最大となる.

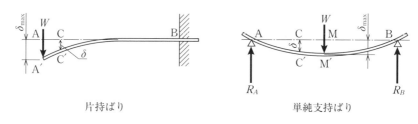

片持ばり　　　　　　　　　　　　単純支持ばり

図3-17　はりのたわみ

最大たわみ$\delta_{\max}$の値は，加えられる荷重W〔N〕，はりの長さL〔mm〕，はりの縦弾性係数E〔MPa〕，断面2次モーメントI〔mm^4〕などから構成される次式で求められる．

$$\delta_{\max} = \beta \frac{WL^3}{EI}$$

ここで，βには片持ばりの集中荷重のときには1/3，片持ばりの等分布荷重のときには1/8，両端支持ばりの集中荷重のときには1/48，両端支持ばりの等分布荷重のときには5/384のたわみ係数が入る．

例3-5　はりのたわみ

長さ1mの片持ばりの自由端に5kNの集中荷重が加わるときのはりの最大たわみ$\delta_{\max}$を求めよ．ただし，材料の縦弾性係数$E = 206$ GPa，はりの断面は幅20 mm，高さ60 mmの長方形とする．

解答　$\delta_{\max} = \beta \dfrac{WL^3}{EI}$ にそれぞれの値を代入する．

片持ばりの自由端であるから，$\beta = \dfrac{1}{3}$

断面二次モーメント $I = \dfrac{bh^3}{12} = \dfrac{30 \times 60^3}{12} = 540 \times 10^3$ mm^4

$L = 1$ m $= 10\,000$ mm，$E = 206 \times 10^3$ Pa，$W = 5 \times 10^3$ N．

よって，$\delta_{\max} = \dfrac{1}{3} \cdot \dfrac{5 \times 10^3 \times 1\,000^3}{206 \times 10^3 \times 540 \times 10^3} = 14.98$ mm

第4章　機械材料学

4-1　鉄鋼材料

　機械材料として用いられる鉄は純度が 100% に近い**純鉄**ではなく，鉄と炭素を主成分とする**炭素鋼**である．純鉄は材料の強度が小さいため，構造材よりもその優れた磁気特性から磁心材料として用いられることが多い．炭素鋼は 0.03～1.7% の炭素（C），0.2～0.8% のマンガン（Mn），その他，ケイ素（Si），リン（P），硫黄（S）などからなる．

　機械材料では炭素鋼のことを**鋼**（steel），純鉄のことを**鉄**（iron）とよんで区別している．炭素鋼は炭素の量が多くなるほど，引張強さや硬さが増加し，伸びや絞りが減少して，展延性が小さくなる．

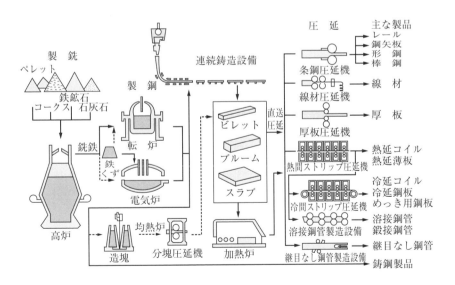

図 4-1　鉄鋼の製造工程

表 4-1　炭素鋼の分類

	炭素の含有量〔%〕	引張強さ〔MPa〕	伸び〔%〕
極軟鋼	0.03～0.20	400 以下	25 以上
軟　鋼	0.20～0.35	400～500	20～
半軟鋼	0.35～0.50	500～600	16～
硬　鋼	0.50～0.70	600～700	14～
極硬鋼	0.70 以上	700 以上	8～

　鉄鋼材料の代表的な製造法は**高炉**を用いるものである．高炉には原材料である**鉄鉱石**，熱源・還元剤として**コークス**，不純物を取り除くために**石灰石**を入れ，これらを燃焼させて**銑鉄**をつくる．銑鉄は硬くてもろいため，**転炉**へ送って高圧の酸素を吹き付けたり，**電気炉**で鉄くずと反応させたりして**製鋼**する．製鋼の終わった溶鋼は鋳型に流し込んで**インゴット（鋼塊）**にしてから，圧延・鋳造・鍛造などの工程を経て製品にする．**連続鋳造**は溶鋼をインゴットにせず，帯状にして少しずつ送りながら，板材や棒材をつくり出す方法である．この方法は鋼塊のもつ余熱を利用しているため，経済的であり，また現在では温度の自動制御などにより圧延工程をコンピュータで管理するなど，製鉄所の自動化も進んでいる．

　炭素鋼は炭素の含有量により表 4-1 のように分類される．

　また，鉄鋼材料は JIS（日本産業規格）により詳細に分類されており，さまざまな種類がある．ここでは代表的なものをいくつか紹介する．

1　**SS 材（一般構造用圧延鋼材）**

　SS 材は，車両・船舶・建築物・橋など一般的な構造物に幅広く用いられている材料である．主に棒材や板材として生産され，JIS 鋼材の中で最も使用量が多い．SS の次に続く数字は，保証する引張強さ〔N/mm^2〕の下限値を表しており，たとえば SS 400 は引張強さの最低値が 400 N/mm^2 であることを示す．

　SS 材では含有されている炭素量は特に指定されておらず，伸びや硬さなど他の機械的性質も指定されていない．あくまでも引張強さだけが保証されているのである．また，SS 材は熱処理をせずに使用される．

2　**S-C 材（機械構造用炭素鋼）**

　S-C 材は，Fe に含まれている C，Si，Mn，P，S の 5 元素の化学組成や熱処理が厳しく規定されており，歯車や軸など強靭性を必要とする機械部品や構造材

として使用されている．S-C 材は，SS 材より高級な材料といえる．S と C の間の数字は炭素量〔%〕の代表値の 100 倍の数値を表しており，たとえば S 45 C は 0.45% の炭素を含む．

③ H 鋼（焼入れ性を保証した機械構造用合金鋼）

Ni-Cr 鋼（JIS 記号は SNC）は最も歴史の古い鋼種であり，耐摩耗性・耐食性・耐熱性に優れている．Ni-Cr-Mo 鋼（JIS 記号は SNCM）は Ni-Cr 鋼に Mo を加えて焼入れ性などを高めた強靭な鋼種である．Cr 鋼（JIS 記号は SCr）は Ni を節約した安価な鋼種としてボルトやキーなど小型の部品に広く用いられている．Cr-Mo 鋼（JIS 記号は SCM）は，Cr 鋼に Mo を加えて焼入れ性などを高めた鋼種であり，最も広く用いられている強靭鋼である．

④ SK 材（炭素工具鋼鋼材）

SK 材は炭素を 0.6～1.5% と多く含んでおり，工具鋼として，硬くて減らず，かつ粘り強さをもつ鋼種である．SKS 材は合金工具鋼であり，耐摩耗性に優れており，丸鋸盤や帯鋸盤の刃として使用される切削用，たがねやポンチなどに使用される耐衝撃用がある．また，SKD 材，SKT 材は金型用として使用される．SKH 材は W や Mo を加えたものであり，高速度工具鋼鋼材として工具の刃先が高温になっても強度が落ちない．H はハイスピードカッティングを意味しており，ハイスともよばれる．

⑤ SUS 材（ステンレス鋼材）

鋼に Cr を 12% 以上加えると，金属の表面に強固な酸化膜ができ，耐食性に優れた性質をもつ．SUS 材はさびにくい（Stainless）鋼であり，一般にはサスとよばれる．Cr-Ni 系の代表的な鋼種は 18-8 鋼（18% Cr-8% Ni）であり，JIS 記号では SUS 304 などの種類がある．これは最もさびに強いステンレスであり，食器や刃物から建築物・自動車・車両・原子炉材料まで，幅広く使用されている．Cr 系は硬さよりさびに強いことが求められるステンレスである．JIS 記号では SUS 430 などの種類があり，化学工業装置や台所用品などに使用されている．

⑥ SUH 材（耐熱鋼鋼材）

SUH 材は高温になっても引張強さなどの機械的性質が低下しないことや金属の表面が荒れないなどの性質をもつ．C, Si に Ni, Cr などを加えた成分であり，自動車のバルブや航空機のタービンブレードなど 1 000℃ 以上で使用されるものもある．

⑦　FC材（ねずみ鋳鉄）

　FC材は鉄に 2.1～6.7% の炭素を含んだものであり，ほかの鋼より融点が低く，鋳造性に優れる．型に溶けた鉄を流し込んで成形する鋳造に適しており，切削加工では成形が難しい複雑な形状をもつ部材や製品に使用される．FC材は一般的な鋳鉄のねずみ鋳鉄であり，引張強さは S-C 材に劣るが，振動に対する吸収性能や熱衝撃に強く，組織内の黒鉛が潤滑剤の役目をするため，耐摩耗性にも優れる．そのため，工作機械用ベッドやテーブル，ディーゼルエンジン用のシリンダライナやクランクケースなどに使用される．一方で FC 材は黒鉛を多く含有するために粘り強さが劣り，もろいという性質がある．代表的な型番である FC200 は引張強さの下限が 200 N/mm^2 であり，SS400 の半分しかない．なお，ねずみ鋳鉄とは単にねずみ色をしているのではなく，破面に片状の黒鉛がねずみのしっぽのように見えるためともいわれる．

⑧　FCD材（球状黒鉛鋳鉄）

　FCD材はねずみ鋳鉄が含有する片状の黒鉛を球状化した球状黒鉛鋳鉄である．球状化により，FC材の数倍の引張強度（たとえば FCD400 は引張強さの下限が 400 N/mm^2）をもち，粘り強さを示す靭性，さらには耐摩耗性にも優れるため，自動車部品や産業機械などに幅広く使用されている．

⑨　熱処理

　炭素鋼は**熱処理**を施すことにより，その性質を改善させることができる．

焼入れ　　→　鋼を硬くするために加熱してから急冷すること．

焼戻し　　→　焼入れのままでは硬いがもろいので，粘り強さを回復させるために再加熱して残留応力を除去すること．

焼ならし　→　鋼の粗大な結晶組織を均一に微細化するため，加熱後に空中で冷ますことで，機械的性質を向上させること．

焼なまし　→　焼ならしと同様に結晶組織を調整するため，加熱後に炉中で徐々に冷却して，材質の軟化や内部応力の除去を行うこと．

4-2 アルミニウム材料

アルミニウムは原鉱であるボーキサイトを精錬したアルミナを電気分解して製造する．Al の比重は 2.7 と鉄の約 1/3 であるため軽量化に適することや，電気や熱の良導体であること，展延性に優れるため加工が容易であることなどの性質をもつ．用途は飲料缶から一般機械部品，航空機用材など幅広い．

① **展伸用アルミニウム合金**

JIS 記号では 1000 番台～7000 番台の番号で表されている．

（1）純 Al 系　1000 番台

99.00% 以上の Al に微量の Fe, Si などを添加している．純度 99.5% の 1050, 1100, 純度 99.0% の 1200 などがその代表である．強度は低いが成形性，溶接性，耐食性，電気伝導性，熱伝導性などに優れ，反射板，照明器具，電気器具などに用いられる．

（2）Al-Cu 系　2000 番台

Cu を添加しており，鋼に匹敵する強度があり切削性に優れる．しかし，耐食性に劣るため，腐食環境下では防食処理が必要となる．ジュラルミン・超ジュラルミンともよばれ，2017 や 2024 がその代表である．航空機材，機械部品，構造材などに用いられる．

（3）Al-Mn 系　3000 番台

Mn を添加しており，純 Al の成形性，耐食性などを低下させずに強度を高くした合金である．アルマンともよばれ，3003 や 3004 がその代表である．アルミ缶などの容器や建築用材などに幅広く用いられる．

（4）Al-Si 系　4000 番台

Si を添加しており，熱膨張率が小さく，耐熱性や耐摩耗性に優れる．4032 や 4043 がその代表であり，エンジンのピストンなどに用いられる．

（5）Al-Mg 系　5000 番台

Mg を添加しており，耐食性，溶接性，加工性に優れる．5005 や 5052 がその代表であり，一般的な構造用材料として建築用材，船舶・車両用材，低温用タンク，圧力容器などに用いられる．

（6）Al-Mg-Si系　6000番台

MgとSiを添加しており，強度と耐熱性を併せもつ．建築用サッシなどに用いられる 6063 が代表であるが，溶接性が悪いので接合にはボルトを用いる．

（7）Al-Zn-Mg系　7000番台

Al合金中，最高の強さをもつ合金である．Al-Zn-Mg-Cu系の 7075 は超々ジュラルミンとして，航空機材やスポーツ用具などに用いられる．Al-Zn-Mg系は比較的強度が高く，熱処理可能な溶接構造用材として開発された合金で，新幹線などの車両用材に用いられる．

② 鋳造用アルミニウム合金

Al鋳物として使用される砂型・金型用（JIS記号はAC）と，溶融金属を高圧で鋳型に流し込んで使用されるダイカスト用（JIS記号はADC）がある．

（a）　アルミニウム合金鋳物

（1）Al-Cu系　AC 1 B

Cuを約 4.5% 含んでおり，機械的性質がよく，切削性にも優れるが，鋳造性が悪い．自転車部品や架線部品に用いられる．

（2）Al-Cu-Si系　AC 2 A，AC 2 B

ラウタルともよばれ，鋳造性，溶接性，気密性に優れる．車のクランクケースやシリンダヘッド，ポンプのケーシングなどに用いられる．

（3）Al-Si系　AC 3 A

Cuを 0.25% 以下にし，Siを 10～13% 含んだものであり，シルミンともよばれる．耐食性がよく，鋳造性はAl合金中最も優れる．

（4）Al-Si-Mg系　AC 4 A

AC 3 A より Siをやや減らして Mgを加えたものであり，ガンマシルミンともよばれる．流動性，耐震性に優れる．

（5）Al-Si-Cu系　AC 4 B

AC 3 A より Siをやや減らして Cuを加えたものであり，含銅シルミンともよばれる．鋳造性，溶接性に優れる．

（6）Al-Cu-Ni-Mg系　AC 5 A

Y合金ともよばれ，高温強度に優れる．自動車や航空機のエンジンのピストンやシリンダヘッドに用いられる．

（7）Al-Mg 系　AC 7 A

Mn を 3.5～5.5% 含みヒドロナリウムともよばれる．伸びが大きく，機械的性質も優れる．

（8）Al-Si-Cu-Ni-Mg 系　AC 8 A，AC 8 B

Si を 8.5～13.0% 含みローエックスともよばれる．熱膨張率が小さいため，Y 合金同様，ピストン材料として用いられる．

（9）Al-Si 系　AC 9 A，AC 9 B

Si を 20% 程度含んでおり，熱膨張率が小さく，硬さと耐摩耗性に優れる．自動車用ピストン，プーリ，軸受などに用いられる．

（b）　ダイカスト用アルミニウム合金（一般用）

（1）Al-Si-Cu 系　ADC 12

機械的性質や鋳造性に優れており，生産量も多い．引張強さは 31 MPa である．

（2）Al-Si-Cu 系　ADC 10

機械的性質や切削性に優れており，ADC 12 の次に普及している．

（c）　ダイカスト用アルミニウム合金（特殊用）

コストが割高で特定の用途に使用される．

（1）Al-Si 系　ADC 1

鋳造性，耐食性がよい．張引強さは 290 MPa であり，自動車のメインフレームやフロントパネルなどに用いられる．

（2）Al-Si-Mg 系　ADC 3

ADC 1 より鋳肌や機械的性質（引張強さ 320 MPa）に優れ，ADC 10，12 より金属光沢が長持ちする．自動用のホイールキャップや自転車のホイールなどに用いられる．

（3）Al-Mg-Mn 系　ADC 5，ADC 6

アルミニウム合金のうち最良の耐食性をもち，機械加工性もよい．ADC 6 は ADC 5 に次いで優れた耐食性を備え，ADC 5 よりやや鋳造性がよい．

（4）Al-Si-Cu 系　ADC 10，ADC 12

どちらも機械的性質（ADC 10 の引張強さは 320 MPa）と鋳造性に優れており，自動車のシリンダブロックやシリンダヘッドカバー，トランスミッションケースなどを中心として，アルミニウム製品に広く用いられる．

4-3　銅材料

　銅は強さや硬さなどの機械的性質が鉄鋼材料より劣るため，構造材には適さない．しかし，電気や熱の良導体で，耐食性，加工性に優れ，金以外で唯一金色の光沢をもつため，古くから用いられてきた．純銅の比重は 8.92 である．

① **Cu-Zn 系**

　丹銅（C 2100〜C 2400）は，4〜20% の Zn を含んでおり，色沢が美しく，展延性，絞り加工性，耐食性に優れているため，装飾用として用いられる．機械的性質は純銅と同じ程度であるため，構造材には適さない．

　黄銅（C 2600〜C 2800）は，真鍮（しんちゅう）ともよばれる．英語ではブラス（Brass）という．やわらかい銅と亜鉛との合金で，この合金にすると硬くなり，伸びは小さくなり，引張強さも大きくなる．七三黄銅は 30% の Zn を含んだものである．展延性，絞り加工性に優れており，自動車用ラジエータなどに用いられる．六四黄銅は 40% の Zn を含んだものである．展延性があり，黄銅の中で最高の強度をもつ．船のスクリューや管楽器，時計用歯車，五円硬貨などに用いられる．日本では，金の代用品として装飾品や仏具などにも多用されている．

② **Cu-Sn 系**

　青銅は Sn のほかに，Zn, Pb, Ni, Fe などを加えたものであり，鋳造性，被削性，耐食性に優れる．英語ではブロンズ（Bronze）という．低温で溶融し流動性がよいので，昔から仏像の鋳造などに用いられてきた．その後，耐食性が優れているため，給排水用のバルブ・コック類の鋳物や，10 円硬貨などに用いられている．りん青銅は Sn のほかに P を加えたものであり，鋳造性，耐食性に加えて，引張強さなども大きくなるため，機械部品に用いられる．低温焼なましをすると弾性限度や疲労限度が高くなるので，ばねや軸受などにも用いられる．

③ **Cu-Ni 系**

　白銅は Ni を 9〜33% 含んだものであり，深絞り加工が容易で，耐食性や高温性能に優れるため，復水管，熱交換器用管，硬貨（例：50 円玉，100 円玉）などに用いられる．洋白は Ni を 8.5〜19.5%，Zn を 15〜30% 含んだものであり，美しい銀白色をもち，機械的性質，耐熱性，耐食性に優れるため，装飾品，食器，光学機械部品，医療機器などに用いられる．

4-4　チタン材料

　チタンは比重が 4.5 と鉄の 7.8 より小さく，耐熱性があり（融点 1 668℃），耐食性に優れ，非磁性などの性質をもつ．特に**比強度**（引張強さ/比重）に優れるため，航空宇宙用やハイテク機器用の材料として，近年用途を広げている．また，生体適合性にも優れるため，歯科用・整形外科用材料としても用いられている．

　チタンは純チタンとチタン合金に大別される．純チタンには成形性に優れる JIS 1 種（引張強さ 270～410 MPa）から，高強度の JIS 4 種（引張強さ 550～750 MPa）が規定されている．チタン合金の中でもアルミニウム（Al）を 6%，バナジウム（V）を 4% 含んだ 64 チタン（Ti-6Al-4V）は，引張強さが 895 MPa 以上と規定されており，純チタンの 2 倍程度ある．しかし，熱伝導率が小さいため工具に切削熱が蓄積しやすく，加工が難しい難削材であり，高価である．

4-5　その他の金属材料

　マグネシウムは比重 1.74 であり，鋼の 1/4，Al の 2/3 と実用金属としては，最も軽い材料である．また，比強度，比剛性が鋼や Al より優れており，実用金属中最大の振動吸収性（減衰能）をもつ．切削性に優れており，温度や時間が変化しても寸法変化が少ない．そのため，携帯電話やノートパソコン，光学機器の筐体，自動車部品などに用いられている．

　ニッケルは比重 8.9，耐熱性があり（融点 1 726 K），耐食性，展延性などに優れており，鉄よりは弱いが強磁性体である．

　亜鉛は比重 7.13，融点 693 K．鋳造性に優れ，ダイカストやめっきとして用いられる．薄い鉄板に亜鉛をめっきしたものをトタンという．

　すずは比重 7.3，融点 505 K．展延性に優れ，合金やめっきとして用いられる．薄い鉄板にすずをめっきしたものをブリキという．

4-6　プラスチック材料

　プラスチックは高分子材料の総称であり，共通の性質として，金属より軽いこと，さびないこと，表面処理をしなくてもそのまま使用できることなどがある．また，熱に対する反応によって**熱硬化性樹脂**と**熱可塑性樹脂**に大別される．

　機械的強度や耐衝撃性，電気絶縁性などを改善して機械構造用や機械部品用に適したものを特に**エンジニアリングプラスチックス**という．プラスチック材料の名称にはさまざまな種類があり，同種の材料でもメーカによって商品名が異なることもあるため，材料の選定には注意が必要である．

1　ポリアセタール（POM）

　引張強さ，曲げ強さなどが大きく，強靱で優れた弾性をもつ．摩擦係数が少なく，耐摩耗性に優れているため歯車やカムなどの機構部品としてよく使用される．

　また，耐熱性，耐寒性があり，繰返し荷重に耐え，吸湿性が少なく，高温・多湿下でも，機械的強さがあまり低下しない．吸振・防音性に富み，強酸以外の無機薬品，有機溶剤に耐えられる．

　色は白，使用温度範囲は $-50 \sim 110℃$ である．メーカによって，デルリン，ジュラコン，ソマライトなどの商品名がつく．

2　ポリアミド（PA）

　ポリアセタールより引張強度や曲げ強度があり，衝撃にも強い．耐摩耗性に優れているため，歯車やカムなどに用いられている．

　吸振・防音性に富み，無潤滑でも使用できるのが大きな特長である．水分があると吸水して膨張するため，寸法に狂いが生じるのが欠点である．

　色は白，青，黒．商品名はナイロンという．

3　ポリエチレン（PE）

　原料が安価で，成形しやすく，多用途に用いられている．機械的強度はそれほど大きくないが，比重は $0.92 \sim 0.95$ と軽く，防水性，電気絶縁性，耐油性に優れているため，容器やびん類，食品容器や包装用フィルム，ポリバケツや大型容器などに用いられる．

④　**ポリプロピレン**（PP）

　ポリエチレンに似ているが，より硬質で引張強さがある．比重は 0.90〜0.92 と汎用プラスチックの中では最軽量である．

　耐熱性はポリエチレンより高く約 110℃．絶縁性や耐薬品性にも優れており，テレビ・ステレオなどの電化製品，通信機器などの絶縁体，薬品の容器・包装などに用いられる．また，折曲げに強いという特長を生かして，CD ケースやふた付きのケースなどにも用いられる．

⑤　**ポリ塩化ビニル**（PVC）

　一般に塩ビとよばれるもので，耐水性，耐酸・アルカリ性に優れるので，水やガス用の配管，液体容器などに用いられる．

　一般に粉末状で得られ，これに可塑剤，安定剤，充てん材などを配合し混練して成形材料をつくる．添加剤の加え方により，軟質から硬質まで非常に広い範囲の製品をつくることができる．

　色はグレーか透明．安価でもあるため，ポリエチレン，ポリプロピレンとともに，最も多量に生産されているプラスチック材料である．

⑥　**メタクリル樹脂**（PMMA）

　プラスチック随一の透明性をもち，外観や表面光沢が美しく，表面硬度もよい．熱加工しやすく，加熱して軟化させ曲げても白化しない．しかし，割れやすいという欠点がある．

　レンズなどの光学製品，照明器具や外観カバー類，計器類のカバーなどの透明度を必要とする製品や光ファイバなどに用いられる．商品名はアクリルという．

⑦　**ポリカーボネート**（PC）

　透明なうえに引張強さ，圧縮強さ，耐衝撃性に優れており，耐熱性，耐寒性にも優れ，−100〜120℃まで機械特性の低下も少ない．また，電気絶縁性もよい．しかし，繰返し荷重には弱く，塩素含有溶剤に溶けるという欠点がある．

　コンピュータ，OA 機器類，精密機器類，自動車の照明部品，医療器具，ヘルメットなどに用いられる．

⑧　**ポリエチレンテレフタレート**（PET）

　ペットボトルのペット（PET）とは，物質名のポリエチレンテレフタレート（Polyethylene terephthalate）の略で，石油からつくるプラスチックの一種である．ペットボトルは，これを材料にして容器に成形したものをいう．

9 複合材料

複合材料とは Composite Material を和訳したもので，母材（Composite Matrix）と強化材（Reinforcing Element）という２種類以上の素材を組み合わせてつくられる．母材には金属・プラスチック・セラミックス，強化材には炭素やガラス・セラミックスなどの無機材料，金属などが用途に応じて用いられる．一般に広く用いられているものは母相にプラスチック，強化材に炭素繊維あるいはガラス繊維を用いた**繊維強化プラスチック**（Fiber Reinforced Plastics：FRP）である．FRP の主な特徴は，軽くて丈夫なことであり，単位質量あたりの強度や剛性が金属に比べて 10 倍以上あるものも多い．

ガラス繊維強化プラスチック（GFRP）は耐腐食性がよいため，小型船舶・タンクなどに使われることが多い．炭素繊維とエポキシ樹脂の複合材料である**炭素繊維強化複合材料**（CFRP）は比強度・比剛性がきわめて高いため，航空機の翼や外板，人工衛星の反射鏡，ロケットの胴体などの航空宇宙分野，ゴルフシャフト，釣竿，テニスラケットなどのスポーツ分野，あるいは橋梁，柱の補強，ロボットアームなどの一般産業分野に広く用いられている．

FRP の引張強さは金属材料と異なり，後述する異方性をもつため，一意には定まらないが，目安として GFRP では，1 500〜2 000 MPa，CFRP では 2 000〜3 000 MPa である．

FRP はどちらの方向からの強度も等しい**等方性**の金属材料と異なり，繊維の方向により強度が異なる**異方性**という性質をもつ．これは，方向によって強度が異なることを意味しており，材料設計者は複合材料を使用するときにその繊維をどのくらい，どの方向から使用するかをよく考えておく必要がある．また，FRP はシート状の繊維を何層かを重ねて接着して使用することが多い．このとき，きちんと接着しないと，途中で繊維が剥離して破壊のもとになるので，十分に注意して加工する必要がある．すなわち，FRP は設計して使用する材料なのである．

FRP は比強度に優れ，錆びない，腐らないなどの特長をもつが，不用になり廃棄されたときには，逆に壊れにくいため，処分しにくくなる．近年は地球環境保全のために資源循環型経済社会の構築に向けて，FRP 船や FRP 浴槽をはじめとするリサイクルが進められている．

4-7　セラミックス材料

　セラミックス（Ceramics）は粘土の焼き物のことであり，人類は太古から使用してきた歴史をもつ．工業製品としては電気の絶縁材料としての碍子（がいし）が送電線やエンジンの点火プラグなどに使用されてきた．**ファインセラミックス**ともよばれる高性能セラミックスが登場したのは 1980 年代に入ってからである．

　セラミックスは金属にはあまり見られない硬い，燃えない，さびないという特性がある．その一方で，もろいという大きな弱点もあるため，その用途は限られていたが，近年この欠点も大幅に改善されている．

　機械材料としてセラミックスに期待されているのが耐熱性である．金属はニッケルやコバルトなどの元素を用いても 1 000℃以上になると強度が落ちてくる．しかし，セラミックスの中でも熱膨張率が比較的小さく，高温での強度もあり，軽い物質である窒化ケイ素（Si_3N_4）や炭化ケイ素（SiC）は，1 300℃程度でも使用可能である．これらを使用したセラミックエンジンやセラミックガスタービンなどの研究も進められており，実現すれば熱機関の効率が大幅に向上することが期待されている．

　化学的に安定で毒性もないため，生体とよくなじむセラミックス材料に**アルミナ**（Al_2O_3）がある．具体的には人工歯根や人工骨などへの応用であり，バイオセラミックスとして研究が進められている．

　セラミックス材料が期待されている理由の一つに，必要な形状のものを加工しやすいことがある．セラミックス製品をつくるには，原料である粉末を均質に混ぜ合わせてから焼結（焼き固めること）させる．成形は製品の石こう型に流し込む方法が一般的であるが，より緻密に複雑な製品をつくるには圧力を加えたり，射出成形をしたりする方法が用いられる．しかし，セラミックスには硬くてもろいという特性があるため，いったん焼き上げた後に旋盤で削ったり，ドリルで穴をあけたりすることは難しい．

　その他，セラミックスには優れた電気特性，磁気特性，光学特性があるため，今後ますます機械材料としての用途が期待される．

第5章　機械要素学

5-1　ね　じ

　ねじは代表的な機械要素であり，物体の締結用や運動の伝達用などに幅広く用いられている．そのため，ねじにはたらく力などをきちんと理解して，適切なものを選定できるようにしておく必要がある．

1 ねじの基礎

　直角三角形の紙で円柱をつくると，その斜面は曲線を描く．この曲線をつる巻線といい，これをなぞるとおねじができる．おねじにはまり合うように円筒の内側に溝を切ったものをめねじという．つる巻線の方向により，ねじは右ねじと左ねじに分けられ，一般的には右ねじが用いられる．

　隣り合うねじ山の距離をピッチといい，ねじを1回転させたときにねじが軸方向に動く距離をリードという．図5-1にピッチとリードが等しい一条ねじを示す．2本以上のねじ山を等間隔に巻き付けたねじを多条ねじという．ねじのピッチをP，リードをl，ねじの条数をnとすると，$l = nP$の関係式が成り立つ．また，角θをリード角といい，軸の直径をdとすると$\tan\theta = l/\pi d$の関係がある．

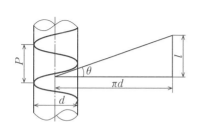

図5-1　つる巻線と斜面

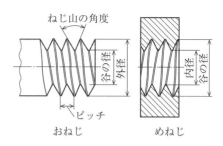

図5-2　ねじ各部の名称

表 5-1　一般用メートルねじの基準山形および基準寸法（JIS B 0205-2001）

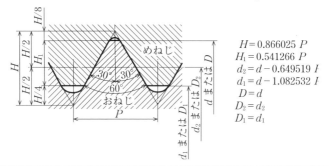

$H = 0.866025\ P$
$H_1 = 0.541266\ P$
$d_2 = d - 0.649519\ l$
$d_1 = d - 1.082532\ l$
$D = d$
$D_2 = d_2$
$D_1 = d_1$

ねじの呼び				基準寸法（単位　mm）				
				ピッチ P	ひっかかりの高さ H_1	め　ね　じ		
						谷の径 D	有効径 D_2	内径 D_1
						お　ね　じ		
1 欄	2 欄	3 欄	附属書			外径 d	有効径 d_2	谷の径 d_1
M 1				0.25	0.135	1	0.838	0.729
	M 1.1			0.25	0.135	1.1	0.938	0.829
M 1.2				0.25	0.135	1.2	1.038	0.929
	M 1.4			0.3	0.162	1.4	1.205	1.075
M 1.6				0.35	0.189	1.6	1.373	1.221
			M 1.7	0.35	0.189	1.7	1.473	1.321
	M 1.8			0.35	0.189	1.8	1.573	1.421
M 2				0.4	0.217	2	1.74	1.567
	M 2.2			0.45	0.244	2.2	1.908	1.713
			M 2.3	0.4	0.217	2.8	2.04	1.867
M 2.5				0.45	0.244	2.5	2.208	2.013
			M 2.6	0.45	0.244	2.6	2.308	2.113
M 3				0.5	0.271	3	2.675	2.459
	M 3.5			0.6	0.325	3.5	3.11	2.85
M 4				0.7	0.379	4	3.545	3.242
	M 4.5			0.75	0.406	4.5	4.013	3.688
M 5				0.8	0.433	5	4.48	4.134
M 6				1	0.541	6	5.35	4.917
		M 7		1	0.541	7	6.35	5.917
M 8				1.25	0.677	8	7.188	6.647
		M 9		1.25	0.677	9	8.188	7.647
M 10				1.5	0.812	10	9.026	8.376

M 12		M 11	1.5	0.812	11	10.026	9.376
			1.75	0.947	12	10.863	10.106
	M 14		2	1.083	14	12.701	11.835
M 16			2	1.083	16	14.701	13.835
	M 18		2.5	1.353	18	16.376	15.294
M 20			2.5	1.353	20	18.376	17.294
	M 22		2.5	1.353	22	20.376	19.294
M 24			3	1.624	24	22.051	20.752
	M 27		3	1.624	27	25.051	23.752
M 30			3.5	1.894	30	27.727	26.211
	M 83		3.5	1.894	33	30.727	29.211
M 36			4	2.165	36	33.402	31.67
	M 39		4	2.165	39	36.402	34.67
M 42			4.5	2.436	42	39.077	37.129
	M 45		4.5	2.436	45	42.077	40.129
M 48			5	2.706	48	44.752	42.587
	M 52		5	2.706	52	48.752	46.587
M 56			5.5	2.977	56	52.428	50.046
	M 60		5.5	2.977	60	56.428	54.046
M 64			6	3.248	64	60.103	57.505
	M 68		6	3.248	68	64.103	61.505

〔注〕 1欄を優先的に，必要に応じて2欄，3欄の順に選ぶ.

ねじの大きさはおねじの外径で表し，これをねじの**呼び径**という. 図5-2にねじ各部の名称を示す. また，かみ合うおねじの山の幅とめねじの幅が等しくなるような円筒の直径をねじの**有効径**といい，強度計算などで用いられる.

2 **ねじの種類**

三角ねじは，ねじ山の断面が三角形をしているねじであり，一般的に広く用いられている. ねじ山の角度は60°であり，JISでは**一般用メートルねじ**が規定されている. メートルねじを表す記号はMであり，たとえばM8はおねじの外径である呼び径が8mmであることを示している.

管用ねじは，管をつなぐねじであり，メートルねじよりピッチが細かいため，薄い部分に使用でき，気密性も高い. ねじ山の角度は55°であり，ねじのピッチは1インチ（25.4mm）あたりの山数で規定される. JISでは**管用平行ねじ**（記号はG）と**管用テーパねじ**が規定されている. 管用テーパねじを表す記号はRcであり，たとえばRc 3/4は呼び径が3/4インチであることを示す.

　台形ねじは，ねじ山の断面が台形をしているねじであり，工作機械の送りねじなど運動の伝達用として用いられる．JISではメートル台形ねじ（記号はTr）が規定されている．

　丸ねじは，ねじ山の断面が丸形をしているねじであり，電球の口金やごみ・砂などが入りやすい部分の移動用として用いられる．

　ボールねじは，おねじとめねじの間の溝に多数の鋼球を入れたものであり，回転がなめらかで伝達効率が高い．NC工作機械や自動車のステアリング装置など運動の伝達用として用いられる．JISでは位置決め用（C）が規定されている．

　表5-1にメートルねじの基準山形および基準寸法を示す．

③　ボルトとナットの種類

（a）六角ボルト

　六角ボルトには次の3種類がある．

（1）呼び径六角ボルト

　軸部がねじ部と円筒部からなり，円筒部の直径がほぼ呼び径のボルト．

（2）全ねじ六角ボルト

　軸部全体がねじ部で円筒部がないボルト．

（3）有効径六角ボルト

　軸部がねじ部と円筒部からなり，円筒部の直径がほぼ有効径のボルト．

（b）六角ナット

　六角ナットには次の5種類がある．

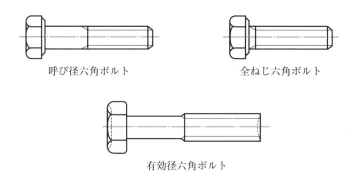

呼び径六角ボルト　　　　　　　　全ねじ六角ボルト

有効径六角ボルト

図 5-3　六角ボルト

（1）六角ナット-スタイル1

部品等級がA，Bのねじで，ナットの呼び高さがほぼ$0.8d$（dはねじの呼び径）であるもの．両面を面取りしたものと座付きがある．

（2）六角ナット-スタイル2

部品等級がA，Bのねじで，ナットの呼び高さがほぼ$0.9d$であるもの．

（3）六角ナット

部品等級がCのねじで，ナットの呼び高さがほぼ$0.9d$であるもの．面取りナットのみがある．

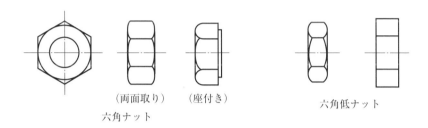

（両面取り）　（座付き）

六角ナット

六角低ナット

図5-4　六角ナット

（4）六角低ナット-両面取り

部品等級がA，Bのねじで，ナットの呼び高さがほぼ$0.5d$であるもの．

（5）六角低ナット-面取りなし

部品等級がCのねじで，ナットの呼び高さがほぼ$0.5d$であるもの．

また，特殊ねじの一つとして，頭部に六角の穴があり，六角レンチで締め付ける六角穴付きボルトがある．

図5-5　六角穴付きボルト

4 **ボルトとナットの締結法**

（1）通しボルト

部材に通し穴をあけてボルトとナットを締め付ける方法．一般的でコストも安いが，部材がずれるため，横方向からのせん断には不適である．

（2）押さえボルト

部材にめねじを切り，ボルトを締め付ける方法．部材が厚く，通し穴をあけられない場合に用いられる．取外しを繰り返す部分には適さない．

（3）植込みボルト

円筒部の両端にねじが切られており，一端を本体に強くねじ込み，他端に六角ナットを使用する方法．取外しを繰り返す部分などに用いられる．

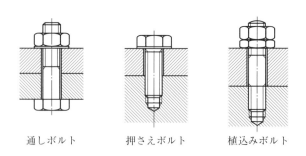

通しボルト　　　　押さえボルト　　　植込みボルト

図 5-6　ボルトの締結法

5 **小ねじの種類**

一般に呼び径 8 mm 以下のねじを小ねじという．

（1）小ねじ

頭部の形には，丸，なべ，丸平，皿，丸皿などがある．

（2）止めねじ

ねじの先端を利用して，部品の運動を止

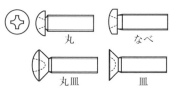

丸　　　　なべ

丸皿　　　　皿

図 5-7　小ねじ

めるために用いられる．頭部の形には，四角，六角穴などがある．

（3）タッピンねじ

下穴にねじを切らず，直接ねじ込んで用いられる．自らめねじを切りながら締め付けるため，作業性がよく緩みにくい．しかし，取外しには不適である．頭部の形状により，すりわり付きと十字穴付きがある．また，ねじの形状により1〜4種の区別がある．

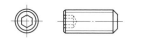

図5-8　止めねじ　　　　　　　　　図5-9　タッピンねじ

6　ねじの締結法

（1）止めナット

2個のナットを互いに締め付ける方法で，ダブルナットともいう．

（2）座　金

ボルトとナットの締付け部材との間に入れ，十分な締付け力を与えるとともに，部材に傷がつくのを防ぐ．ワッシャともいう．

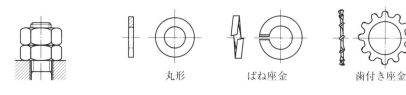

丸形　　　　　ばね座金　　　　歯付き座金

図5-10　止めナット　　　　　　図5-11　座　金

7　ねじの強度区分

　JISでは，ねじの強度区分が規定されており，4.6，4.8，5.6，5.8などで表される．たとえば，強度区分4.6において4は引張強さが$400 \, \mathrm{N/mm^2}$であることを示し，6は降伏点あるいは耐力が引張強さの0.6倍，すなわち$400 \times 0.6 = 240 \, \mathrm{N/mm^2}$であることを示している．ナットの強度区分も同様に規定されており，強度の弱いほうのねじが破損しないようにボルトとナットの締結では，同じ強度区分のものを使用する．

8　ねじの強度計算

　ねじに軸方向の引張荷重$W \, \mathrm{[N]}$がはたらき，ねじの谷で破損するときには，谷の径$d_1 \, \mathrm{[mm]}$の断面積に引張応力$\sigma \, \mathrm{[N/mm^2]}$が生じる．

$$W = A\sigma = \frac{\pi}{4}d_1{}^2\sigma \ [\mathrm{N}]$$

一般にねじの直径は谷の径 d_1 ではなく外径 d で表す.

三角ねじの場合, 谷の径 d_1 は外径 d の約 0.8 倍であるから, $d_1 = 0.8\,d$ を上式に代入すると, 次式で表される.

$$W = \frac{\pi}{4}(0.8\,d)^2\sigma \fallingdotseq \frac{1}{2}d^2\sigma \ [\mathrm{N}]$$

ねじには, それぞれ許容引張応力 σ_a〔MPa〕が規定されているため, σ を σ_a に置き換えれば, 必要なねじの直径 d が求められ, 次式で表される.

$$d = \sqrt{\frac{2W}{\sigma_a}} \ [\mathrm{mm}]$$

ねじに軸方向と同時にねじり荷重がはたらくときには, 軸方向の荷重の $4/3$ 倍の荷重が軸方向にかかるものとして計算することが多い. 上式の W に $(4/3)\,W$ を代入すると次式が得られる.

$$d = \sqrt{\frac{2 \times (4/3)\,W}{\sigma_a}} = \sqrt{\frac{8W}{3\sigma_a}} \ [\mathrm{mm}]$$

また, ねじにせん断荷重がはたらくときには, 許容せん断応力を τ_a〔MPa〕とすると

$$\tau_a = \frac{W}{\dfrac{\pi}{4}d^2} \quad \text{より} \quad d = \sqrt{\frac{4W}{\pi\tau_a}}$$

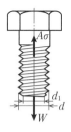

図 5-12　ねじの強度計算

例 5-1　ねじの強度計算

　鋼製のフックを使用して質量が最大 240 kg までに耐えられるようにしたい．必要な
フックのねじの直径を求めよ．ただし，許容引張応力は 48 MPa とする．

解答　フックは引張荷重を受けるものとして，$d = \sqrt{2\,W/\sigma_a}$ を用いる．

$$d = \sqrt{\frac{2\,W}{\sigma_a}} = \sqrt{\frac{2 \times 240 \times 9.8}{48}} = 9.9 \text{ mm}$$

　よって，この数値より大きく，最も近いメートル並目ねじは，表 5-1 より M 10 にな
る．

　ねじを締結用に使用するとき，適切なねじの直径が求められても，かみ合いね
じの山数が少ないと，きちんと締結できないことがある．軟鋼では，ねじのかみ
合う部分の長さは，ねじの呼び径以上とるようにする．

⑨　**ねじの緩みのメカニズム**

　ボルトとナットで部品を締め付けると，両者の座面に圧縮力がはたらくととも
に，締め付けられている部品からは逆に反発力がはたらく．このとき，座面と部
品の間には大きな摩擦力が発生し，この力でねじは固定されている．ねじが緩む
とは，この摩擦力が何らかの原因で失われることであり，ナットの状態が回転し
てない場合と回転している場合の 2 種類に分けられる．前者には初期緩みや陥没
緩み，後者には戻り回転による緩みや軸直角への繰り返し外力による緩みなどが
ある．

5-2　歯　車

　歯車は歯のかみ合いで回転運動を伝達する代表的な機械要素である. 歯車には
さまざまな種類や大きさがあるため, 適切なものを選択できるようにしておく必
要がある.

1　歯車の基礎

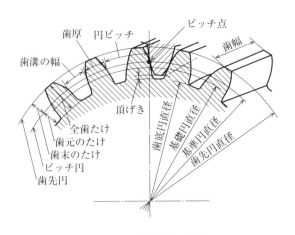

図 5-13　歯車各部の名称

　歯車と歯車がかみ合う点をピッチ点といい, これを結んだものを基準円とい
う. また, 歯の先端を結んだものを歯先円, 歯の根元を結んだものを歯底円とい
う. 歯の高さを全歯たけ, 基準円から歯先円までの長さを歯末のたけ, 基準円か
ら歯底円までの長さを歯元のたけという. 基準円周で一つの歯が触れている部分
を歯の厚さ, 歯が触れていない部分を歯溝といい, 歯の厚さと歯溝の差をバック
ラッシという.

　歯車と歯車は基準円の大きさが異なっていても互いの歯形が等しければかみ合
う. 基準円の直径 d〔mm〕を歯数 z〔枚〕で割ったものをモジュールといい,
$m = d/z$ の関係で表される.

　JISではモジュールの標準値が規定されており，1，1.25，1.5，2，2.5，3，4，5，6，8，10，12などの工列を用いることが望ましいとされる．

例 5-2　モジュールの計算

　基準円の直径が100 mm，歯数が25枚のモジュールを求めよ．
解答　モジュール $m = d/z$ より，$m = 100/25 = 4$
　よって，モジュールは4になる．

　図5-14に実際のモジュールの大きさを示す．
　歯車がなめらかにかみ合うためには，さまざまな歯車曲線が研究されてきた．JISでは現在，加工方法がシンプルで生産性が高く，中心距離の変動に強く，荷重の伝達方向が一定などの特性をもつ**インボリュート曲線**を採用している．インボリュートとは，円周に沿って巻いてある糸の先を動かしていくときに先端部が描く曲線をいう．

モジュール0.5

モジュール1

モジュール2

モジュール3

図 5-14　モジュールの大きさ

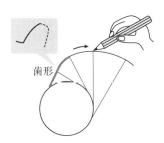

歯形

図 5-15　インボリュート曲線

2　歯車の種類

（a）2軸が平行なもの

（1）平歯車

平歯車は，歯すじが軸に平行な一般的な歯車であり，動力伝達用として，最も多く用いられている．

（2）はすば歯車

はすば歯車は，歯すじがつる巻線の歯車であり，平歯車よりも強く，騒音や振動が小さい．しかし，軸方向にスラスト力が発生する．

平歯車を平面状にしたものをラックといい，比較的小さな歯車であるピニオンとともに用いられる．回転運動と直線運動の変換ができる．

（b）2軸が交わるもの

かさ歯車には，歯すじがピッチ円すい母線と一致するすぐばかさ歯車と歯すじがねじれているまがりばかさ歯車がある．

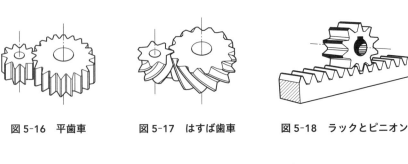

図 5-16　平歯車　　　図 5-17　はすば歯車　　　図 5-18　ラックとピニオン

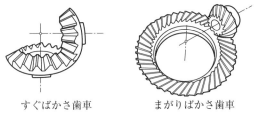

すぐばかさ歯車　　　まがりばかさ歯車

図 5-19　かさ歯車

（c）その他

（1）ウォームギヤ

ウォームギヤは，円筒軸にねじ状の歯をもつウォームとこれにかみ合うウォームホイールからなり，大きな減速ができる．

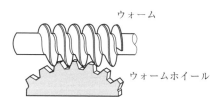

ウォーム

ウォームホイール

図 5-20　ウォームギヤ

（2）波動歯車装置

波動歯車装置（ハーモニックドライブ）は，楕円と真円の差動を利用した減速機であり，一段同軸上で大きな減速比がとれることや，小型・軽量かつ静かな動きができる特長がある．

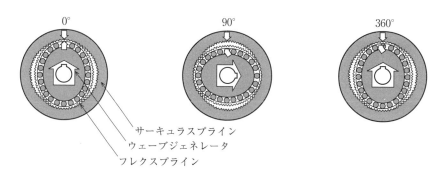

サーキュラスプライン
ウェーブジェネレータ
フレクスプライン

図 5-21　波動歯車装置（ハーモニックドライブ）

③ 歯車の速度伝達

歯車で速度を伝達するとき，伝える側の歯車を**駆動歯車**（または**原車**），伝えられる側の歯車を**被動歯車**（または**従車**）という．回転速度は 1 分間あたりの回転数である〔rpm〕で表すことが多い．駆動歯車と被動歯車の回転速度をそれぞれ n_1，n_2〔rpm〕，歯数を z_1，z_2〔枚〕，基準円直径を d_1，d_2〔mm〕とすると**速度伝達比** i は次式で表される．ここで m はモジュールを表す．

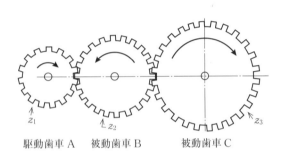

駆動歯車 A　被動歯車 B　　被動歯車 C

図 5-22　歯車の速度伝達

$$i = \frac{n_1}{n_2} = \frac{d_2}{d_1} = \frac{mz_2}{mz_1} = \frac{z_2}{z_1}$$

ここで，駆動歯車と被動歯車の中心間距離 a〔mm〕は次式で表される．

$$a = \frac{d_1 + d_2}{2} = \frac{m(z_1 + z_2)}{2} \quad \text{〔mm〕}$$

また，さらに回転速度 n_3〔rpm〕，歯数 z_3〔枚〕，基準円直径 d_3〔mm〕の被動歯車 C を加えると，次式が成り立つ．

$$i = \frac{n_1}{n_3} = \frac{n_1}{n_2} \cdot \frac{n_2}{n_3} = \frac{z_2}{z_1} \cdot \frac{z_3}{z_2} = \frac{z_3}{z_1}$$

このとき，速度伝達比は駆動歯車 A と被動歯車 C の歯数の比によって決まる．すなわち，被動歯車 B は速度伝達比には関係せず，このような歯車を**遊び車**という．

例 5-3　速度伝達

速度伝達比 3，モジュール 2 mm，中心間距離 60 mm の一組の歯車がある．それぞれの歯車の歯数を求めよ．

解答　中心間距離 $a = m(z_1 + z_2)/2$ より

$$z_1 + z_2 = \frac{2a}{m} = \frac{2 \times 60}{2}$$

上式と，$i = \dfrac{z_2}{z_1} = 3$ より

$z_1 = 15$ 枚…駆動歯車　　$z_2 = 45$ 枚…被動歯車

4　標準平歯車

基準円上で歯の厚さと溝の幅が等しい歯車を**標準平歯車**といい，最も多く用いられている歯車である．

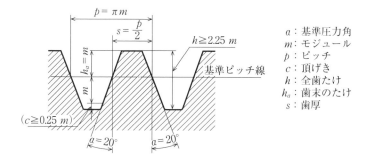

図 5-23　基準ラック

表 5-2　標準平歯車の寸法　　　　　（単位　mm）

基準円直径	$d_1 = mz_1,\ d_2 = mz_2$	全歯たけ	$h \geqq 2.25\,m$
中心距離	$a = \dfrac{d_1 - d_2}{2} = \dfrac{m(z_1 + z_2)}{2}$	歯先円直径 （外径）	$\begin{cases} d_{a1} = d_1 + 2h_a = m(z_1 + 2) \\ d_{a2} = d_2 + 2h_a = m(z_2 + 2) \end{cases}$
歯末のたけ	$h_a = m$	円ピッチ	$p = \pi m$
歯元のたけ	$h_f = h_a + c \geqq 1.25\,m$	円弧歯厚	$s = \dfrac{p}{2} = \dfrac{\pi m}{2}$
頂げき	$c \geqq 0.25\,m$		

例 5-4　標準平歯車

モジュール 3 mm，歯数 60 枚の標準平歯車の基準円直径 d〔mm〕，歯先円直径 d_a〔mm〕，全歯たけ h〔mm〕を求めよ．

解答　基準円直径　$d = mz$ より，$d = 3 \times 60 = 180$ mm

歯先円直径　$d_a = m(z + 2)$ より，$d_a = 3 \times (60 + 2) = 186$ mm

全歯たけ　　$h \geqq 2.25m$ より，$h \geqq 2.25 \times 3 = 6.75$ mm

一般に用いられる平歯車の形状には，OA 形，OB 形，OC 形，IA 形，IB 形，IC 形の 6 種類がある．これらを図 5-24 に示す．

⑤　歯車の強度計算

歯車は高速で回転しながら大きな動力を伝達するはたらきをするため，もしも高速で大きな動力を伝達している歯車が途中で割れるようなことがあれば大事故につながる．必要以上の力が加わったときに絶対に変形や破断をしない材料はないため，動作中の歯車にどのくらいの力がはたらいているのかをきちんと把握しておき，必要以上に大きな力がはたらいて歯車が途中で変形することや，割れるようなことがないように歯車の強度計算を行う必要がある．

歯車で動力を伝達する場合には，その強度を検討する必要があり，大きく分けて二つの方法がある．いずれの方法も，1 枚の歯車に荷重がはたらくものとし，力は歯幅全体に一様に加わっているとみなして計算する．

歯車の**曲げ強さ**は，歯車の歯先に集中荷重を受ける片持ばりとみなして，曲げモーメントや断面係数などを計算し，歯の**許容曲げ応力**や加えることができる最大の円周力を求める方法である．

歯面強さは，歯車の歯面の損傷を考慮して，その**許容接触応力**や加えることができる最大の円周力を求める方法である．

通常は，二つの方法で計算を行い，小さい円周力 F〔N〕を採用する．そして，これに基準円の周速度 v〔m/s〕をかけることで，伝達動力 P〔W〕が求まることになる．この関係を次式に示す．

$$P = F \cdot v \text{〔W〕}$$

この値は，使用するモータやエンジンなどの駆動源の大きさと密接に関係する．

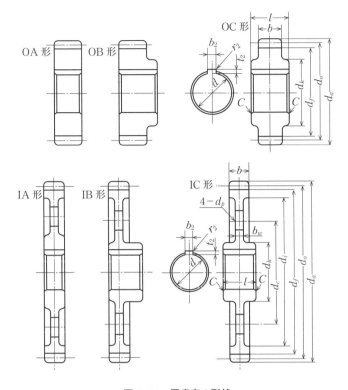

図 5-24　平歯車の形状

　歯車の種類や強度計算など，選定に関する詳細は歯車メーカのカタログを参照するとよい.

　・小原歯車工業　https://www.khkgear.co.jp/

　・協育歯車工業　https://www.kggear.co.jp/

5-3　ベルトとチェーン

　ベルトはプーリとの摩擦力で動力を伝動する機械要素であり，さまざまな種類や大きさのものがあるため，適切なものを選定できるようにしておく必要がある．

1　ベルトの基礎

　ベルトは歯車より容易に軸間距離をとることができ，騒音も小さいという特徴がある．また，回転速度の範囲を大きくとれ，速度伝達比も任意に決めることができる．ベルトの張り方には，両プーリが同方向に回転する**オープンベルト**と，逆方向に回転する**クロスベルト**がある．

　ベルトは回転により張り側と緩み側ができ，緩みが大きくなるとベルトがプーリから外れてしまうことがある．そのため，軸間距離が長いときには，緩み側に**アイドラ**を入れて張力を大きくする工夫がとられる．

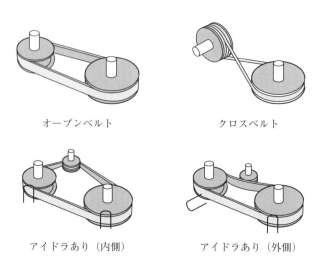

オープンベルト　　　　　　クロスベルト

アイドラあり（内側）　　　　アイドラあり（外側）

図 5-25　ベルトの張り方

2 ベルトの種類

（1）平ベルト

平ベルトは，長方形断面のベルトを平プーリに掛けて動力を伝達するものである．ベルトの材質には，皮・ゴム・鋼などがあり，構造は簡単であるが大きな動力を伝えるにはすべることがあるので適さない．わが国では明治時代から国産化されていたが，現在はそれほど大きな力がかからない部分に，薄くて軽いベルトを高速伝動させる場合などに用いられる．

（2）Vベルト

Vベルトは，台形断面のベルトをVプーリに掛けて動力を伝達するものである．ベルトの材質はゴムが多く，継目なく製造される．平ベルトよりプーリとの接触面積が大きくなるため，すべりを少なくすることができ，大きな動力を伝達することができる．その比較的高い伝動能力から一般産業用として幅広く用いられており，一般用Vベルト（JIS K 6323）や細幅Vベルト（JIS K 6368）などが規格化されている．

一般用Vベルトは，断面形状によって，M形，A形，B形，C形，D形の5種類が規格化されている．

図 5-26　平ベルト　　　　　　　図 5-27　Vベルト

表 5-3　一般用Vベルトの断面形状と基準寸法 （JIS K 6323）

形	b_t〔mm〕	h〔mm〕	引張強さ〔kN/本〕	伸び〔%〕	質量〔kg/m〕
M	10.0	5.5	1.2 以上	7 以下	0.06
A	12.5	9.0	2.4 以上	7 以下	0.12
B	16.5	11.0	3.5 以上	7 以下	0.20
C	22.0	14.0	5.9 以上	8 以下	0.36
D	31.5	19.0	10.8 以上	8 以下	0.66

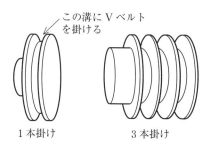

この溝に V ベルト
を掛ける

1 本掛け　　　　　　　3 本掛け

図 5-28　V プーリ

V ベルトの種類に対応して，V プーリの種類も M 形，A 形，B 形，C 形，D 形，E 形の 6 種類が規格化されている．なお，M 形は原則として 1 本掛けであるが，他は 2 本，3 本など，一つの V プーリに複数の V ベルトを掛けるものもある．

（3）歯付きベルト

歯付きベルトはタイミングベルトともいい，平ベルトの内側に歯を付けたものである．歯付きベルトは歯付きプーリに掛けて動力を伝達する．ベルトのプーリが歯でかみ合っているため，長時間安定した精密伝動ができ，軽量でコンパクト，低騒音，メンテナンスフリーである．また，高速・高トルク化にも対応している．

用途は，プリンタなど精密機器の位置決め用デバイスや自動車のカムシャフト駆動などのほか，生産ラインの搬送工程や各種自動機器など広範な分野である．

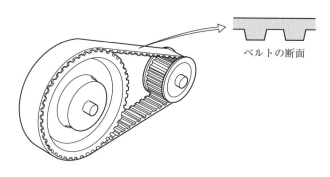

ベルトの断面

図 5-29　歯付きベルト

表 5-4　歯付きベルトの断面形状と基準寸法

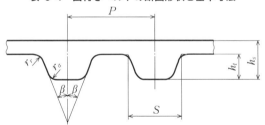

記　　号	種　　類				
	XL	L	H	XH	XXH
P　〔mm〕	5.080	9.525	12.700	22.225	31.750
2β　〔°〕	50	40	40	40	40
S　〔mm〕	2.57	4.65	6.12	12.57	19.05
h_t　〔mm〕	1.27	1.91	2.29	6.35	9.53
h_s　〔mm〕	2.3	3.6	4.3	11.2	15.7
r_r　〔mm〕	0.38	0.51	1.02	1.57	2.29
r_a　〔mm〕	0.38	0.51	1.02	1.57	1.52

　歯付きベルトは，XL，L，H，XH，XXH の 5 種類が規格化されている．
　歯付きベルトの種類に対応して歯付きプーリの種類も XL，L，H，XH，XXH の 5 種類が規格化されている．

③　チェーン

　チェーンはスプロケットに巻き掛けて動力を伝動する機械要素である．歯車と同様，確実に動力を伝達することができることや軸間距離を長くとれること，ベルトと異なり長さを自由に伸縮できることなどの特長がある．しかし，重量が大きいため，高速回転に適さないことや騒音・振動が大きいなどの欠点もある．

（1）ローラーチェーン

　ローラチェーンはローラの付いたローラリンクと二つのピンをもつピンリンクを交互につないだものであり，最も多く用いられているチェーンである．チェーンはできるだけ水平方向に張り，張り側を上，緩み側を下にして用いる．

　JIS では A 系ローラチェーン 1 種と 2 種，B 系ローラチェーンが規格化されている．リンクの形式には，内リンク，外リンク，継手リンクがあり，奇数リンクになる場合は 1 リンクで内リンクと外リンクを継ぐオフセットリンクを使用する

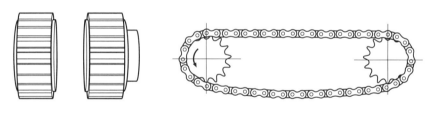

図 5-30　歯付きプーリ　　　　　　　図 5-31　チェーン

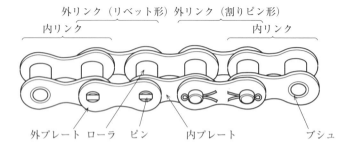

図 5-32　ローラチェーン

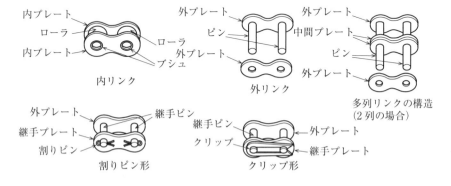

図 5-33　ローラチェーンの構造

表 5-5　ローラチェーンの種類と呼び番号

ピッチ（基準値）〔mm〕	呼び番号			チェーンの形式
	A系ローラチェーン		B系ローラチェーン	
	1種	2種		
6.35	25	04 C	—	ブシュチェーン
9.525	35	06 C	—	（ローラのないもの）
8	—	—	05 B	
9.525	—	—	06 B	
12.7	—	—	081	
12.7	—	—	083	
12.7	—	—	084	
12.7	41	085	—	
12.7	40	08 A	08 B	
15.875	50	10 A	10 B	
19.05	60	12 A	12 B	
25.4	80	16 A	16 B	ローラチェーン
31.75	100	20 A	20 B	
38.1	120	24 A	24 B	
44.45	140	28 A	28 B	
50.8	160	32 A	32 B	
57.15	180	36 A	—	
63.5	200	40 A	40 B	
76.2	240	48 A	48 B	
88.9	—	—	56 B	
101.6	—	—	64 B	
114.3	—	—	72 B	

〔注〕　JIS B 1801 では，A系ローラチェーンの2種とB系ローラチェーンは ISO の呼び番号と一致している．

が，強度が落ちるためできる限り使用しないほうがよい．

　ローラチェーンは内リンクと外リンクを連結して必要な長さをつくり出すことができる．ベルトの場合，途中で長さを変更することができないが，チェーンの場合，これが容易である．両端部を連結するためには，継手リンクが用いられ，これには割りピン形とクリップ形がある．また，チェーンを多列で用いる場合には，長いピンを用いてリンクを連結する．

（2）スプロケット

スプロケットの歯数は，JIS で 11〜120 枚までの各部の計算寸法が詳細に規定されている．実用的にはローラチェーンの運動のなめらかさや振動を少なくすることを考えて 17 枚以上とるとよい．

最適なベルトやチェーンを選定するためには，次のようなことがらを基準として検討する．

① 動力を算出して，ベルトの種類を選定し，形式を決定する．

② ベルトの形式や回転比を考慮して，プーリやスプロケットの径を決定する．

③ 大・小のプーリやスプロケットの径，軸間距離からベルトの長さを決定する．

④ 使用するベルトの本数や幅，初張力などを決定する．

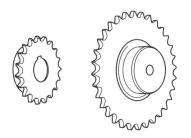

図 5-34　スプロケット

ベルト・チェーンの種類や強度計算など選定に関する詳細はベルト・チェーンメーカのカタログを参照するとよい．

・椿本チエイン　https://www.tsubakimoto.jp/

・三ツ星ベルト　https://www.mitsuboshi.com/

・片山チエン　http://www.kana.co.jp/

・三木プーリ　https://www.mikipulley.co.jp/

5-4 軸と軸継手

軸は機械の回転運動を伝達する基本的な機械要素，**軸継手**は二つの回転軸を連結する機械要素である．機械設計においては，適切なものを選定できるようにしておく必要がある．

1 軸の種類

軸は作用する力によって，次のように分類できる．

- おもに曲げを受ける軸：駆動軸でない車軸
- おもにねじりを受ける軸：歯車やプーリなどの伝動軸
- 曲げ，ねじり，引張り，圧縮などの力を同時に二つ以上受ける軸：回転運動と直線運動を変換するクランク軸，船舶や航空機などのプロペラ軸など

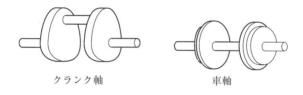

クランク軸　　　　　　車軸

図 5-35　軸の種類

2 軸の強度計算

軸の直径は，強度計算により軸に作用する荷重に対して安全なものを求めて，JIS に規定された直径の中から選定する．

（1）曲げだけを受ける軸

軸にはたらく曲げモーメントを M 〔N·mm〕，許容曲げ応力を σ_a〔MPa〕，断面係数を Z〔mm³〕とすると，軸の直径 d〔mm〕は次式で求められる．

$M = \sigma_a Z$，$Z = (\pi/32)d^3$ より

$$d = \sqrt[3]{\frac{32M}{\pi\sigma_a}} \fallingdotseq \sqrt{\frac{10M}{\sigma_a}}$$

また，外径 d_2〔mm〕，内径 d_1〔mm〕のとき，軸の直径（外径）d_2〔mm〕は次

表 5-6　回転軸の軸径の寸法（JIS B 0901）　（単位　mm）

4	□	9	□*	17	□	30	□*	48	*	75	□*
4.5		10	□*	18	*	31.5		50	□*	80	□*
5	□	11	*	19	*	32	□*	55	□*	85	□*
5.6		11.2		20	□*	35	□*	56		90	□*
6	□*	12	□*	22	□*	35.5		60	□*	95	□*
6.3		12.5		22.4		38	*	63	*	100	□*
7	□*	14	*	24	*	40	□*	65	□*		
7.1		15	□	25	□*	42	*	70	□*		
8	□*	16	*	28	□*	45	□*	71	*		

〔注〕　□印は JIS B 1512（転がり軸受の主要寸法）の軸受内径による.
　　　　＊印は JIS B 0903（円筒軸端）の軸端のはめあい部の直径による.

式で求められる.

$$Z = \frac{\pi}{32} \cdot \frac{d_2{}^4 - d_1{}^4}{d_2} \text{ において,} \quad \frac{d_1}{d_2} = k \text{ とすると}$$

$$M = \sigma_a \cdot \frac{\pi}{32} d_2{}^3 (1 - k^4)$$

$$d_2 = \sqrt[3]{\frac{32M}{\sigma_a \pi (1 - k^4)}} \doteqdot \sqrt{\frac{10M}{\sigma_a \pi (1 - k^4)}}$$

（2）ねじりだけを受ける軸

軸にはたらくねじりモーメントを T〔N·mm〕，許容曲げ応力を τ_a〔MPa〕，断面係数を Z_p〔mm³〕とすると，軸の直径 d〔mm〕は次式で求められる.

$$T = \tau_a Z_p, \quad Z_p = (\pi/16) d^3 \text{ より}$$

$$d = \sqrt[3]{\frac{16T}{\pi \tau_a}} \doteqdot \sqrt{\frac{5T}{\tau_a}}$$

また，外径 d_2〔mm〕，内径 d_1〔mm〕のとき $Z_p = \frac{\pi}{16} \cdot \frac{d_2{}^4 - d_1{}^4}{d_2}$ において，$\frac{d_1}{d_2} = k$ とすると

$$T = \tau_a \cdot \frac{\pi}{16} d_2{}^3 (1 - k^4)$$

$$d_2 = \sqrt[3]{\frac{16T}{\pi \tau_a (1 - k^4)}} \doteqdot \sqrt[3]{\frac{5T}{\tau_a (1 - k^4)}}$$

（3）曲げとねじりを同時に受ける軸

次式によって，相当ねじりモーメント T_e と相当曲げモーメント M_e を求めてから軸径を求め，大きいほうの値を軸径とする．

$$T_e = \sqrt{T^2 + M^2} \qquad M_e = \frac{M + \sqrt{T^2 + M^2}}{2} = \frac{M + T_e}{2}$$

一般に，軟鋼などの延性材料では，せん断応力によって破損することが多く，T_e から軸径を求める．また，鋳鉄や焼入れした鋼などの脆性材料では曲げ応力によって破損することが多いので M_e から軸径を求める．

3 **キーとピン**

軸に歯車やプーリ，軸継手などの回転部品を取り付け，トルクや回転を確実に伝えるためにはキーやピンを用いる．

表 5-7 キーの種類および記号

	形 状	記 号
平行キー	ねじ用穴なし ねじ用穴付き	P PS
こう配キー	頭なし 頭付き	T TG
半月キー	丸底 平底	WA WB

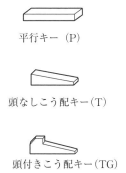

平行キー（P）

頭なしこう配キー（T）

頭付きこう配キー（TG）

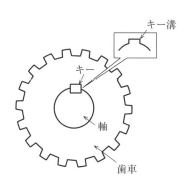

キー溝

キー

軸

歯車

図 5-36 キーの種類とキー溝

（1）キ ー

　JIS では平行キー，こう配キーなど六つの形状が規定されている．キーの引張強さは 600 MPa 以上の炭素鋼（S 45 C）など，軸よりやや硬い材料を用いる．キー溝には応力集中を考えて端に丸みをつける．また，キーをはめ込む溝のことを**キー溝**という．

（2）ピ ン

　JIS では，平行ピン，テーパピン，割りピンなどが規定されている．ピンはキーと比較してあまり大きな力が加わらない部品の取付けや，分解・組立をする部品の位置決めに用いられる．

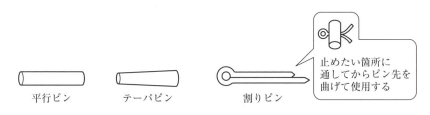

止めたい箇所に
通してからピン先を
曲げて使用する

平行ピン　　　　テーパピン　　　　割りピン

図 5-37　ピンの種類

4 **軸継手**

　モータと回転させたい機械の部品を正しく固定しないと徐々にズレが発生してしまい，振動や騒音，破損が発生する．

　軸継手は二つの回転軸を連結する機械要素であり，軸線の精度がよいこと，小型・軽量であること，取付け・取外しが容易であることなどが求められる．

（1）**固定軸継手**

　固定軸継手は 2 軸の軸線が一致しているときに用いられ，小径用の**筒形軸継手**や太径用の**フランジ形軸継手**などがある．

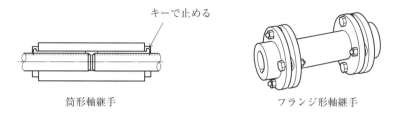

筒形軸継手

フランジ形軸継手

図 5-38　固定軸継手の種類

（2）たわみ軸継手

　たわみ軸継手はわずかな軸心のずれがあっても使用でき，弾性的な結合部分により衝撃を緩和する**フランジ形たわみ軸継手**や動力よりも正確な伝達用に用いられる**ベローズ形たわみ軸継手**，**弾性ヒンジ形たわみ軸継手**，2軸の結合部に溝を用いてたわみを吸収する**オルダム軸継手**などがある.

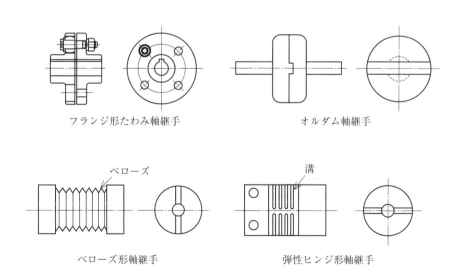

フランジ形たわみ軸継手

オルダム軸継手

ベローズ形軸継手

弾性ヒンジ形軸継手

図 5-39　たわみ軸継手の種類

（3）自在軸継手

　2 軸がある角度で交わりながら回転を伝達する軸継手を**自在軸継手**（ユニバーサルジョイント）といい，プロペラシャフトやドライブシャフトなどの駆動軸の連接部分に使用される．

　入出力軸の交差角を φ，入力軸の回転角を θ とすると，入出力の角速度比 $\dfrac{\omega_2}{\omega_1}$ は

$$\frac{\omega_2}{\omega_1} = \frac{\cos\varphi}{1 - \sin^2\theta\sin^2\varphi}$$

で表される．この式から交差角により，出力軸は速度変動を生じる．

　この回転速度の変動をなくすためには，2 個の自在軸継手を使用することで打ち消すことができる．

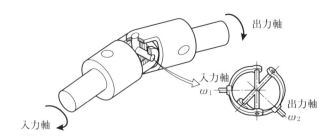

図 5-40　自在軸継手

5　**クラッチ**

　クラッチとは，主動軸の回転を従動軸に伝達したり，切り離したりする軸継手の一種であり，確実に軸動力を伝達でき，また短時間に切り離すことが可能なことが求められる．

（1）**かみあいクラッチ**

　かみあいクラッチは，互いの軸がかみ合う部分の凹凸を利用したものである．このクラッチは，両軸の回転速度がほぼ一致しないと結合できないため，同じ速度で伝達する場合に用いられる．トルクの伝達が急激に行われるため，回転しながらの切換えが難しいため，互いの軸の結合は静止時に行われる．

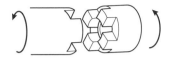

図 5-41　かみあいクラッチ

（2）**摩擦クラッチ**

　摩擦クラッチは，主動軸と従動軸が摩擦力で連結するクラッチである．連結するクラッチがすべりながら連結するため，両軸の回転速度が一致しないこともある．確実性に欠けるため，油圧・空気圧や電磁力を利用して，作動する圧力を大きくするものもある．

　このほか，一方向のみの回転を伝達し，逆方向の回転は伝達することなく自由とするワンウェイクラッチなどもある．

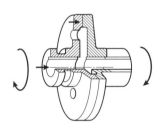

図 5-42　摩擦クラッチ

5-5 軸　受

　軸受は回転する軸を支えるための基本的な機械要素である．なめらかに回転を支えるとは，軸と接する部分の摩擦を減らすことであり，この方法には物体の下に球やころを入れる**転がり摩擦**を利用するものと，油などの流体を入れる**すべり摩擦**を利用するものがある．また，軸方向の荷重を受ける軸受を**スラスト軸受**（または**アキシャル軸受**），軸の半径方向の荷重を受ける軸を**ラジアル軸受**という．

1　転がり軸受

　転がり軸受は，玉またはころという複数の転動体の転がり摩擦を利用したものである．摩擦係数が小さいため動力損失が少ないこと，潤滑や保守が容易であること，規格品の種類が豊富であることなどの特長があげられる．しかし，騒音や振動が生じやすいこと，衝撃に弱いことなどから，高速回転や大荷重での性能はあまりよくない．

（a）種　類

（1）深溝玉軸受

　最も広く用いられる玉軸受であり，ラジアル荷重やスラスト荷重を受けるもの．

（2）自動調心玉軸受

　外輪の内側の軌道面が球状であり，軸心がある程度傾いていても回転可能なように自動的に調整ができるもの．

図 5-43　深溝玉軸受　　　　図 5-44　自動調心玉軸受

（3）アンギュラ玉軸受

ラジアル荷重と一方向のスラスト荷重を受けるもの.

（4）円筒ころ軸受

円筒ころを転動体としており，大きなラジアル荷重を受けることができるもの.

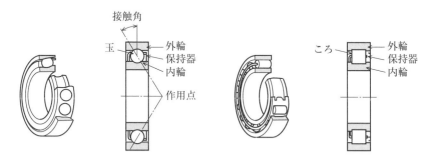

図 5-45　アンギュラ玉軸受　　　　**図 5-46　円筒ころ軸受**

（5）円すいころ軸受

ラジアル荷重と一方向のスラスト荷重を受けるもの.

（6）スラスト玉軸受

スラスト荷重だけを受けるもの.

転がり軸受の選定においては，まずは深溝玉軸受が適用できるかどうかを検討するとよい. 転がり軸受の主要寸法には，軸受内径 d，軸受外径 D，軸受幅 B，軸受角部の丸み半径 r などがある.

直径系列は 7，8，9，0，1，2，3，4 の 1 桁の数字で表し，右に行くほど軸径外径が大きくなる. 幅系列は 8，0，1，2，3，4，5，6，高さ系列は 7，9，1，2 の種類があり，右に行くほど幅や高さが大きくなる. また，軸受の呼び内径は $\phi 10 = 00$，$\phi 12 = 01$，$\phi 15 = 03$ などで示される.

軸受端部のシール形状は，ZZ：シールド形，VV：非接触シール形，DD・DDU：接触シール形などが規定されている. 軸受の内部すきまは，使用条件に応じて，C 2，C 3，C 4 などのように規定されている.

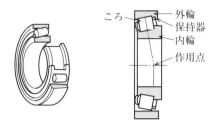

図 5-47　円すいころ軸受

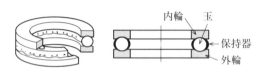

図 5-48　スラスト玉軸受

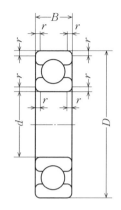

図 5-49　深溝玉軸受の寸法

例 5-5　軸受の型番の読み方

　玉軸受の型番 6200 ZZC 3 の読み方を答えよ.

解答　左から, 6 は深溝玉軸受, 2 は直径系列, 00 は軸受の呼び内径 $\phi10$, ZZ は軸受部のシール形状が両シールド形, C 3 は選定内部すきま (普通すきまより大) を表している.

(b) 寿命の計算

　荷重を W〔N〕, 定格寿命が 100 万回転になるような基本定格荷重を C〔N〕とすると, 定格寿命 L (単位は 10^6 回転) は次式で表される.

$$\text{玉軸受}\quad L=\left(\frac{C}{W}\right)^3 \qquad \text{ころ軸受}\quad L=\left(\frac{C}{W}\right)^{10/3}$$

表 5-8　深溝玉軸受の寸法と定格

主要寸法〔mm〕			基本動定格荷重〔kN〕	基本静定格荷重〔kN〕
d	D	B	C_1	C_0
10	19	5	1.83	0.925
	22	6	2.7	1.27
	26	8	4.55	1.96
	30	9	5.10	2.39
12	18	4	0.930	0.530
	21	5	1.92	1.04
	24	6	2.89	1.46
	28	7	5.10	2.39
15	21	4	0.940	0.585
	24	5	2.08	1.26
	28	7	3.65	2.00
	32	8	5.60	2.83
20	27	4	1.04	0.730
	32	7	4.00	2.47
	37	9	6.40	3.70
	42	8	7.90	4.50
25	32	4	1.10	0.840
	37	7	4.30	2.95
	42	9	7.05	4.55
	47	8	8.35	5.10

（NTN 株式会社 転がり軸受総合カタログ（Cat.No. 2202/J）より抜粋）

例 5-6　軸受の寿命計算

単列深溝玉軸受 6202 をラジアル荷重 1.5 kN，回転速度 750 min^{-1} で運転する減速装置に使用するとき，定格寿命（寿命時間）を求めよ．

解答　表 5-8 より，$C = 600$ N，$W = 1.5$ kN を $L = (C/W)^3$ に代入して

$$L = \left(\frac{600}{1.5}\right)^3 = 400^3 = 64 \times 10^6 \text{ 回転}$$

回転速度が $n = 750$ min^{-1} であるので，定格寿命 L_h は

$$L_h = \frac{L}{750 \times 60} = 1\,422 \text{ h}$$

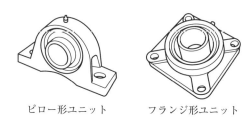

ピロー形ユニット　　　　フランジ形ユニット

図 5-50　転がり軸受ユニット

　適正な軸受を選定できたら，それがぐらつかないように取り付ける必要がある．取付方法には，はめあいを利用するものやアダプタを取り付けるものなど種類がある．また，軸受とケーシングを組み合わせたもので，軸受の中心軸に平行な支持面の上に取り付けるためのボルト穴をもつ代表的な製品に**ピロー形ユニット**や**フランジ形ユニット**がある．

② **すべり軸受**

　すべり軸受は軸受とジャーナルがすべり接触をしており，転がり軸受より大きな衝撃や荷重に適し，騒音や振動が小さい．軸との接触部分を**軸受メタル**または**ブシュ**といい，摩擦・摩耗が少ないことや耐食性がよい青銅や鋳鉄などの材料が用いられる．軸受の使用にあたっては，絶えず適量の潤滑油を接触面に供給する必要がある．特殊なものとして金属やプラスチックに潤滑油をしみ込ませた**オイルレスベアリング**がある．

　すべり軸受は，任意の寸法のものを製作できるが，転がり軸受ほど規格化・量産化されていない．

　すべり軸受には次の種類がある．

　（１）**ラジアル軸受（ジャーナル軸受）**

　軸方向に対して垂直な荷重を支えるもの．

　（２）**スラスト軸受**

　軸方向の荷重を支えるもの．

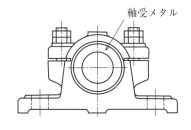

図 5-51　ラジアル軸受

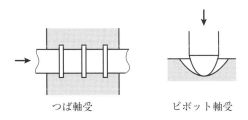

つば軸受　　　　　　ピボット軸受

図 5-52　スラスト軸受

（３）静圧軸受

　一定圧力の油を軸受の外部から軸との間に送って軸を支えるもの．すばる望遠鏡にも使用されている．

③　密封装置

　気体や液体などが漏れないように，また外部から異物が入らないようにするため，密封装置（シール）が用いられる．運動部に用いられるものを**パッキン**，静止部に用いられるものを**ガスケット**という．機械要素として規格化されているものを次にまとめる．

（1）O リング

O リングは，断面円形の弾性材料を密封部分の溝にはめて用いられる．耐鉱物用，耐ガソリン用，耐熱用など材料別に 7 種類，往復運動用，固定用など用途別に 5 種類に分かれている．

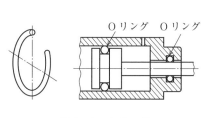

図 5-53　O リング

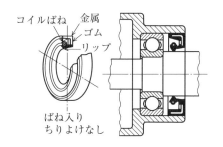

図 5-54　オイルシール

（2）オイルシール

オイルシールは，断面が複雑な形をしたシールを密封部分にはめて使用するものである．油やグリースの漏れを防止するために軸径 6〜480 mm までのものが規定されており，主に回転運動用として使用される．材質はゴムであり，ニトリルゴムまたはアクリルゴム相当の弾性体が使用され，弾性を補うためにばねを併用したものもある．

軸受の種類や強度計算など，選定に関する詳細は軸受メーカのカタログを参照するとよい．

・NTN 　　　　　 https://www.ntn.co.jp/
・日本精工 　　　 https://www.nsk.com/jp/
・ジェイテクト 　 https://www.jtekt.co.jp/

5-6　ば　ね

ばねは弾性変形を利用してエネルギーを蓄えたり，振動や衝撃を和らげたりする機械要素である．材質や形状にはさまざまな種類があるため，適切なものを選定できるようにしておく必要がある．

① ばねの基礎

ばねが荷重 W〔N〕を受けて，δ〔mm〕だけ変形するとき，W/δ をばね定数といい，これを k〔N/mm〕で表す．

$$W = k\delta \ \text{〔N〕} \qquad k = W/\delta \ \text{〔N/mm〕}$$

ばね定数が大きいとばねは変形しにくく，ばね定数が小さいとばねは変形しやすい．また，このときばねに蓄えられるエネルギーを弾性エネルギー U は次式で表される．

$$U = \frac{1}{2} W\delta = \frac{1}{2} k\delta^2 \ \text{〔N·mm〕}$$

弾性エネルギー U をばねの材料の体積 V で割った単位体積あたりの弾性エネルギー（U/V）が大きいほど，小型・軽量で大きなエネルギーを蓄えることができる．

② ばねの種類

（1）コイルばね

コイルばねは線材を円筒状に巻いて成形したばねであり，荷重の作用する方向の違いにより**圧縮コイルばね**と**引張コイルばね**がある．

（2）皿ばね

皿ばねは皿状でドーナツ形のばねであり，上下の面に力を加えることによって板が平面になろうとするばね作用を利用するものである．比較的小さなスペース

圧縮コイルばね　　　引張コイルばね　　　　皿ばね　　　　断面図

図 5-55　コイルばね　　　　　　　　　**図 5-56　皿ばね**

で大きな荷重を支えることができ，複数のばねを重ねて，種々のばね定数をつくり出すことができる．

（3）渦巻ばね

渦巻ばねは渦巻形のばねであり，一般的には長方形断面の薄板でつくられている．計測器の部品として多く使用されるため小型のものが多い．また，ばねとして回転のエネルギーを蓄積させる目的で使用されるものを**ぜんまい**という．

（4）重ね板ばね

重ね板ばねは，自動車や鉄道車両の懸架用として使用されるばねである．一般的には両端に目玉とよばれる支持部分があり，長さがわずかに短い弓形ばねを数枚重ね合わせて，これを中央部分で締め付けて一体化したものである．

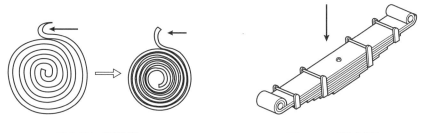

図 5-57　渦巻ばね　　　　　図 5-58　重ね板ばね

（5）ねじりコイルばね

ねじりコイルばねは，円筒状に巻かれたコイルばねをコイルの中心線に対して，ねじる方向に使用するばねである．設計どおりのねじりモーメントを得ることが重要であり，自動車のアクセルペダルなどに使用されている．

（6）定荷重ばね

定荷重ばねは，薄鋼板を渦巻状に巻いたばねである．これは，押し側でも引き側でも常に一定の力で作動させることができ，コンパクトで大きな伸びが得られる．

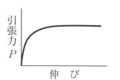

図 5-60　定荷重ばね

図 5-59　ねじりコイルばね

図 5-61　定荷重ばねの特性

③　ばねの材料

ばねには線材料を高温に加熱して成形する熱間成形ばねと常温で成形する冷間成形ばねがある．いずれも，ばねをコイル状に巻いた後に適当な温度での熱処理を施す作業により，硬さや強さをもたせている．

JIS で一般的なものは，ばね鋼鋼材であり，記号は SUP である．より高級な材料として引張強さが大きいピアノ線（記号は SWP），耐食性をもつ材料としてステンレス鋼線（記号は SUS），耐熱性があり，自動車エンジンのバルブに用いられるオイルテンパー線（記号 SWO）などがある．

ばねの材料には鋼材が多く用いられるが，導電性や非磁性などが求められるときには，黄銅や洋白などの非鉄金属材料が用いられる．

④　コイルばねの設計

コイルばねに加わる荷重を W〔N〕，素線の直径を d〔mm〕，コイルの平均直径を D〔mm〕，応力修正係数を κ とすれば，コイルばねの素線に生じる**ねじり修正応力** τ〔MPa〕は次式で表される．

$$\tau = \kappa \frac{8WD}{\pi d^3} \text{〔MPa〕}$$

ここで，$\kappa = \dfrac{4c-1}{4c-4} + \dfrac{0.615}{c}$，$c = \dfrac{D}{d}$

このとき，c を**ばね指数**といい，一般に 4〜10 の値をとる．

圧縮コイルばねでは両端はばねとしてはたらかないため，全体の巻き数から 2 を引いたものを**有効巻き数** N_a として，次式で表される．

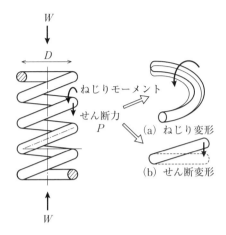

図 5-62　コイルばねの設計 1

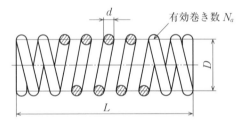

図 5-63　コイルばねの設計 2

$$N_a = \frac{GD\delta}{8c^4W} \ \text{〔回〕}$$

ここで，c はばね指数〔GPa〕，δ はたわみ〔mm〕である．

5-7 カ ム

カム機構は，さまざまな形状をしたカムを原動節とし，これに接触する従動節から直線運動や揺動運動，間欠運動などの複雑な運動を取り出すものである．

1 **カムの種類**

カムには平面的な動きをする**平面カム**と，立体的な動きをする**立体カム**がある．

カムの接触子には，平面またはとがったものやローラを使用したものなどがある．ローラ接触子は転がり接触のため，摩耗は少ない．カムと接触子を接触させるのは重力のみのものが容易であり安価である．しかし，カムが高速で回転する場合には，接触子がカムから離れることがあるため適さない．接触部分にばねを用いると重力のみの場合より確実に接触できるが，摩擦力が大きくなる．また，より確実に接触させるためにカムの軌道面を溝やリブにはめ込む方式がある．

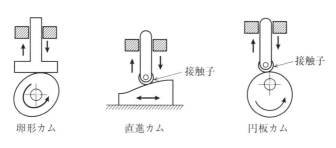

卵形カム 　　　 直進カム 　　　 円板カム

図 5-64　平面カム

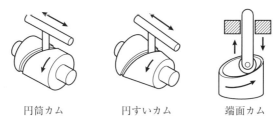

円筒カム 　　　 円すいカム 　　　 端面カム

図 5-65　立体カム

② カムの設計

　カム機構は運動の設計が容易であり運動特性もよい．回転運動を行うカムは1回転するとまた同じ運動が周期的に繰り返される．部品点数が少ないため信頼性は高いが，カムをつくり直さなければ動作の変更はできない．カム機構を用いた運動を設計するには**タイミング線図**をつくることから始める．これは横軸にカムの回転角（0°〜360°），縦軸にカムの出力変位〔mm〕を表したものである．

　たとえば，初めの45°は静止，180°までは等速度で 20 mm 上昇，270° までは静止，360° までは等速度で 20 mm 下降，という動きをするタイミング線図は，図 5-66 のように書く．

　タイミング線図の出力変位は，従動節の動作としてカムの輪郭になる．カムの輪郭は**基礎円**をもとにして作成し，輪郭のことをカムの**変位曲線**という．一般に基礎円半径は大きく，ストロークは小さく，全体の機構はシンプルなものがよい．カムの変位や速度，加速度などが連続になるよう，変位曲線にはサイクロイド曲線が用いられることが多い．

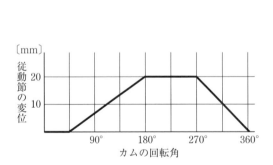

図 5-66　カムのタイミング線図

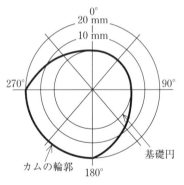

図 5-67　カムの輪郭

5-8 リンク

[1] リンク機構とは

リンク機構はリンクとよばれる細い棒を組み合わせて，互いに回転やすべり運動をさせるものである．リンク機構の動きは，4本のリンクを組み合わせてつくり出される．図5-68にリンクの連鎖の例を示す．ここで，地面の部分も1本のリンクとして考える．リンクが3本の場合，1本のリンクを固定すると，他の2本のリンクは動かなくなる．これは，安定で動かない構造物をつくるときなどに用いられる．また，リンクが5本の場合，1本のリンクを固定して，他の1本のリンクを動かしても，全体がどちらに動くかは予想できない．

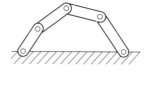

地面も1本と数える

三つのリンク　　　　　　　　四つのリンク　　　　　　　　五つのリンク

図5-68　リンクの連鎖

リンクが4本の場合，1本のリンクを固定して他の1本のリンクを動かしたとき，リンクの長さの間にある関係が成立すれば，予想できる動きが設計できる．

[2] リンク機構の種類

（1）てこクランク機構

てこクランク機構は，4本のリンクにおいて，最短リンクと隣り合うリンクを固定したメカニズムである．図5-69において，リンクAを固定して最短リンクBを回転させると，リンクDはある角度を揺動する動きをする．このとき，回転するリンクBをクランク，揺動するリンクDをてこという．

　この機構の成立条件は，「最短リンクと他のリンクの長さの和が，他の 2 本の
リンクの長さの和より小さいこと」である．具体的な揺動範囲などは，三角形の
余弦定理などを用いることで，設計できる．

（2）両クランク機構

　両クランク機構は，4 本のリンクにおいて，最短リンク B を固定したものであ
る．この機構では，リンク A とリンク C はクランクとして回転運動をする．

（3）両てこ機構

　両てこ機構は，最短リンク B に向かい合うリンク D を固定したものである．
このとき，リンク A とリンク C は，てことして揺動運動をする．

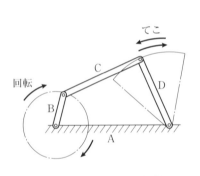

図 5-69　てこクランク機構

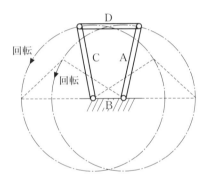

図 5-70　両クランク機構

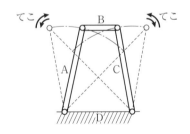

図 5-71　両てこ機構

（4）往復スライダクランク機構

　往復スライダクランク機構は，てこクランク機構において，揺動するリンクの
長さを極端に短くしてスライダとし，固定された土台のリンク上をすべらせたも

のである．この機構は，往復運動を回転運動に変換，または回転運動を往復運動に変換することができる．自動車のエンジンから回転運動を取り出す部分にも，このメカニズムが用いられる．

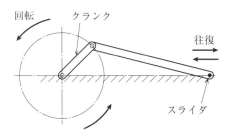

図 5-72　往復スライダクランク機構

　第9章で紹介する 3D CAD を使用して往復スライダクランク機構のモデルを作図したものを次に示す．

　土台となる部分を作成してそこに回転するつりあいおもり，連接棒，ピストンを合わせていく．回転する部分をスライドさせる部分を区別しながら合致させていくことで，組み立てる．

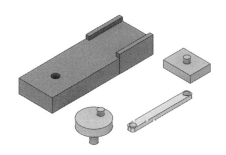

図 5-73　使用する部品

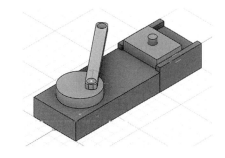

図 5-74　部品の組立

　機構のモデルを作図したら，**モーションスタディ**とよばれるシミュレーション機能を使用して，クランクの回転軸を連続回転させる設定を行わせることでコンピュータ画面上で往復スライダクランク機構を動かすことができる．

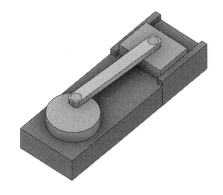

図 5-75　往復スライスダクランク機構のモデル

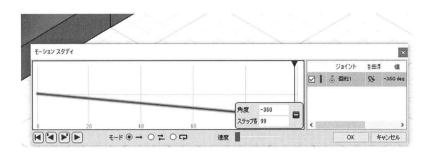

図 5-76　モーションスタディ

（5）平行リンク機構

　平行リンク機構は，互いに向かい合うリンクを同じ長さにして，1 本のリンクを回転させたものである．この機構は，平行を保ちながら運動を伝達することができ，製図機械のドラフタや鉄道のパンタグラフなどに用いられる．

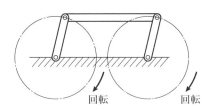

図 5-77　平行リンク機構

第6章 機械制御学

6-1 制御とは

　機械の動きを設計できたら，次にそれを動かす方法を考える．機械に目的どおりの動きをさせるためには，何らかの形で電気信号を与えることが多い．入力信号を与える具体的なものは各種**スイッチ**である．また，人間の五感である視覚，聴覚，触覚，味覚，嗅覚などを電気信号に変換するデバイスである**センサ**も多く用いられる．

　また，スイッチやセンサから機械システムに入力された電気信号は必要な演算や判断を行った後に目的を達成させるための**出力信号**として取り出される．この出力を具体的な動きにするものは，電気モータや空気圧シリンダなどの**アクチュエータ**である．これは人間でいえば腕や脚の部分にたとえることができる．

　機械システムが目的どおりにはたらくように所要の操作を加えることを**制御**といい，人間が外部の状況を判断しながら行う**手動制御**とこれらを自動的に行う**自動制御**の2種類がある．自動制御は大きく分けて，あらかじめ定められた順序や論理に従って制御を順次進めていく**シーケンス制御**と，制御された結果を刻々測定して目標値との差を修正していく**フィードバック制御**がある．また，フィードバック制御には，温度や圧力，流量，液位などを制御対象とする**プロセス制御**や物体の位置や姿勢，速度などを制御量とする**サーボ機構**などがある．

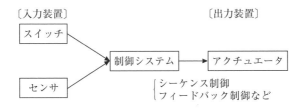

図6-1　制御システムの構成

1　シーケンス制御

　シーケンス制御とは，あらかじめ定められた順序または一定の論理に従って，制御の各段階を逐次進めていく制御のことである．

　たとえば，青→黄→赤のランプを決められた順序で点灯させる信号機があげられる．交差点では，信号機は一つが勝手に動いているのでなく，四つ角では四つの信号が関連して制御されている．また，歩行者信号機が設置されて場合には，これらを含めた複雑な制御系を構成している．

　すなわち，シーケンス制御では前段階における制御動作が完了したり，または一定時間を経過した後，制御結果に応じて次に行うべき動作を選定してから次の段階に移るのである．

　シーケンス制御系の構成を図6-2に示す．作業命令がシーケンス制御回路に入力されると，あらかじめ定められた論理回路やタイマにより制御対象に出力信号が送られる．フィードバックのように何かを検出してそれと比較しながら，後戻りするようなことはない．途中でおかしなことが起きてもそのまま進んでしまうが，命令を素早く確実にこなすことができる．

図6-2　シーケンス制御系の構成

例 6-1 制御動作の順序

シーケンス制御の例に，全自動洗濯機とエレベータがある．これらの動作順序をまとめよ．

解答 ・全自動洗濯機

給水→洗濯→排水→給水→すすぎ→排水→脱水

（最初にスイッチを1回押すだけで，制御は逐次進められる．洗剤は通常，人間が入れる）

・エレベータ

上下どちらかのボタンを押す→エレベータが到着→行き先の階のボタンを押す→行き先の階に停止

（エレベータが複数台あるときには，互いに制御を行い，一番近い位置にあるものが最も早く到着できるものもある）

② フィードバック制御

フィードバック制御とは，フィードバックによって制御量を目標値と比較し，それらを一致させるように操作量を自動的に修正する制御のことである．

たとえば，外気温が5℃のとき，エアコンで室温を25℃に上げたいとする．このとき，暖気の状態を温度センサで刻々測定することで，25℃に落ち着く．途中でドアを開けたりして寒気が入って温度が下がれば，またエアコンが作動して25℃になるようにする．

すなわち，これは制御した結果を目標とする値と比較して，目標値と結果が一致するまで反復して制御を繰り返しているのである．

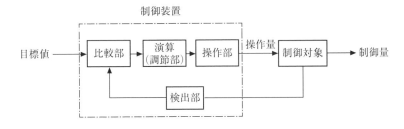

図 6-3　フィードバック制御系の構成

例 6-2 フィードバック制御の動作順序

フィードバック制御の例に，自動車の運転がある．この動作順序をまとめよ．

解答 時速 40 km で走行したいときの操縦者の動きをまとめる．

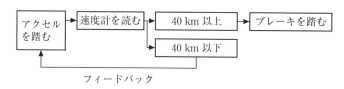

この場合，運転手は速度計を読みながら手動制御をしている．また，走行中の車輪のすべりを常に計測し，それがある値を超えると自動制御を行う ABS（アンチロックブレーキシステム）は事故防止に役立っている．

制御で用いる信号には，連続的な**アナログ量**と，離散的な**デジタル量**とがある．従来，シーケンス制御は，次々と行う一連の操作を自動化したデジタルによる制御が多く，フィードバック制御は，室内温度を一定に保つなどアナログ量を制御する方式だった．

最近では，マイコンやパソコンの普及により，安くてしかも高性能なデジタル制御装置が入手できるようになり，どちらもデジタルによる制御が多くなってきている．

しかし，温度や圧力などのアナログ量を検出するセンサは，ほとんどアナログセンサでデジタルの制御に取り込むためには，A-D 変換器によりアナログ量をデジタル値に変換する必要がある．

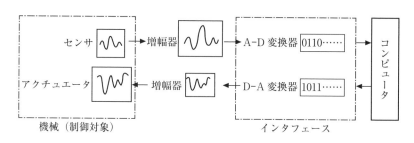

図 6-4 アナログとデジタル

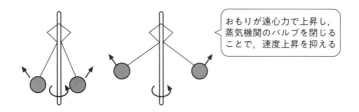

おもりが遠心力で上昇し,蒸気機関のバルブを閉じることで,速度上昇を抑える

図 6-5　ワットのガバナ

　制御を学問として扱う制御工学は,イギリス産業革命のころに誕生した.具体的には,ワットが蒸気機関の制御(ガバナ=遠心調速機)に用いたのが始まりとされている.その後,第二次大戦後急速に発展し,制御は工学における重要な分野となる.

　制御理論にはさまざまな種類があるが,大きく古典制御と現代制御に分類できる.古典制御は 1960 年代に体系化されたフィードバック制御理論であり,「伝達関数とよばれる線形の入出力システムとして表された制御対象を中心に,望みの挙動を達成するための制御理論」である.ここでは制御対象の 1 入力 1 出力の関係に注目して制御系の設計を行う.

　古典制御の代表である PID 制御は「入力値の制御を出力値と目標値の偏差の一次関数,その積分,および微分の三つの要素で行う制御」である.ここでそれぞれの制御を比例制御(P 制御),積分制御(I 制御),微分制御(D 制御)という.

　一方,現代制御は 1960 年以降に発展した制御理論であり,出力に影響を及ぼす可能性のある内部変数(状態変数)に着目した状態方程式を作成して制御系の設計を行うものである.

　他の分野に比べると新しい学問分野だが,制御理論が発展するとともに関係する分野も広がり,機械工学と電気工学の架け橋にとどまらず,情報工学,生物学,医学などでもその重要性は大きくなっている.

6-2　電気回路

制御回路をつくるためには電気回路を理解しておく必要がある．

1　直流回路

　乾電池でランプを点灯させたり，モータを回転させたりするときには**直流回路**が用いられる．**直流**とは，時間が変化しても電流や電圧が変化しない流れである．回路に流れる電流 I〔A〕は加えた電圧 E〔V〕に比例し，抵抗 R〔Ω〕に反比例する．これを**オームの法則**といい，次式で表される．

$$I = \frac{E}{R} \quad または \quad E = IR$$

ランプやモータなど，電気回路において負荷となるものを抵抗という．電気回路の中に複数の抵抗がある場合は，**合成抵抗**として一つの抵抗に換算することができる．

（１）抵抗の直列接続

$$R = R_1 + R_2 + R_3 + \cdots + R_n$$

（２）抵抗の並列接続

$$\frac{1}{R} = \frac{1}{R_1} + \frac{1}{R_2} + \frac{1}{R_3} + \cdots + \frac{1}{R_n}$$

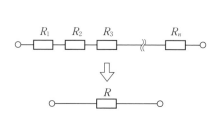

図 6-6　抵抗の直列接続

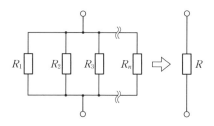

図 6-7　抵抗の並列接続

　直列回路では，各部分での電流が等しく，全電圧は各抵抗の大きさに比例して分けられる．

$$E = E_1 + E_2$$
$$RI = R_1I + R_2I$$
$$\quad = (R_1 + R_2)I$$

　並列回路では，各部分での電圧が等しく，全電流は各抵抗の大きさに比例して分けられる．

$$I = I_1 + I_2$$
$$\frac{E}{R} = \frac{E}{R_1} + \frac{E}{R_2}$$
$$\frac{1}{R} = \frac{1}{R_1} + \frac{1}{R_2}$$

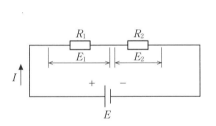

図 6-8　直列回路

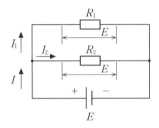

図 6-9　並列回路

例 6-3　**オームの法則の計算**

　次ページ左図の回路の各電流と各電圧を求めよ．
　なお，$R_1 = 6.0\,\Omega$，$R_2 = 2.0\,\Omega$，$R_3 = 1.0\,\Omega$，$E = 20\,\mathrm{V}$ とする．

解答　R_1 と R_2 の合成抵抗を R とすると

$$R = \frac{1}{\dfrac{1}{R_1} + \dfrac{1}{R_2}} = \frac{1}{\dfrac{1}{6} + \dfrac{1}{2}} = 1.5\,\Omega$$

よって，次頁右図の回路と等価になる．

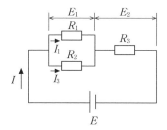
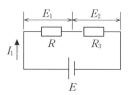

オームの法則より

$$I_1 = \frac{E}{R+R_3} = \frac{20}{1.5+1.0} = \frac{20}{2.5} = 8.0\,\text{A}$$

$$E_1 = I_1 R = 8.0 \times 1.5 = 12\,\text{V}$$

$$E_2 = I_2 R = 8.0 \times 1.0 = 8.0\,\text{V}$$

また

$$I_2 = \frac{E_1}{R_1} = \frac{12}{6.0} = 2.0\,\text{A}$$

$$I_3 = \frac{E_2}{R_2} = \frac{12}{2.0} = 6.0\,\text{A}$$

<h3>2　交流回路</h3>

　時間の経過とともに，大きさと向きが周期的に変化する電流や電圧を**交流**という．一般に交流の波形は正弦波曲線で表される．家庭のコンセントに流れる交流電圧は 100 V と定められている．

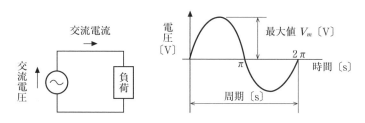

図 6-10　交流回路

（1） 周期と周波数

交流は一定の正弦波を繰り返すものであり，その一山を**周期** T 〔s〕という. また，周期の逆数を**周波数** f といい，単位にはヘルツ〔Hz〕が用いられる. 周期と周波数には，次のような関係がある.

$$f = \frac{1}{T} \ \text{〔Hz〕} \quad \text{または} \quad T = \frac{1}{f} \ \text{〔s〕}$$

わが国の交流の周波数は東日本で 50 Hz，西日本で 60 Hz となっている. これは明治時代に発電機や電動機を輸入するとき，ヨーロッパ諸国から 50 Hz，アメリカから 60 Hz のものを取り入れたためである.

工場などでは，より経済的に電力を送ることができる**三相交流**が用いられている.

50 Hz 地区

60 Hz 地区

富士川付近

図 6-11　周波数の分布

例 6-4　周期と周波数

50 Hz の交流の周期は何秒か.

解答　$T = 1/f$ より，$T = 1/50 = 0.02$ s

（2）　平均値と実効値

正弦波交流の値は，時々刻々変化して流れており，その最大の値を**最大値**という．また，交流の正または負の半周期の波形の面積と，その山を平らにならした長方形の面積が等しいとき，その高さを**平均値**という．

電流の最大値 I_m と平均値 I_a の間には次の関係がある．

$$I_a = \frac{2}{\pi} I_m \fallingdotseq 0.637\, I_m \ \text{〔A〕}$$

通常使われる交流の値は**実効値**といい，最大値 I_m と実効値 I の間には次の関係がある．

$$I = \frac{I_m}{\sqrt{2}} \fallingdotseq 0.707\, I_m \ \text{〔A〕}$$

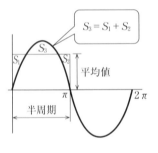

図 6-12　**最大値と平均値**

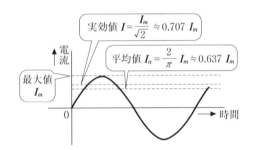

図 6-13　**実効値**

例 6-5　交　流

家庭に届けられている電力は交流 100 V であるが，これは実効値で表されている．このときの最大値は何 V になるか．

解答　$V = V_m / \sqrt{2}$ より，$V_m = \sqrt{2}\ \text{V}$

よって，$V_m = \sqrt{2} \times 100 = 141\ \text{V}$

6-3 入力装置

1 スイッチ

スイッチは電気回路を開閉するための基本的な電気部品である.

スイッチの種類には次のようなものがある.

（1）押しボタンスイッチ

押しボタンスイッチは，接触部分が円筒形や直方体などのボタン形をしており，接点部分の上下運動により，電気回路の開閉を行う.

（2）トグルスイッチ

トグルスイッチは，1本のレバーを操作することで，電気回路の開閉を行う.

（3）ロッカスイッチ

ロッカスイッチは，トグルスイッチのレバーに板状の部品やつまみを付けて電気回路の開閉を行う.

（4）ロータリスイッチ

ロータリスイッチは，円形をしている接触部分を接触させることにより，複数の電気回路を切り換えたりする.

（5）リミットスイッチ

リミットスイッチは，小さなローラ部の接点の接触により，電気回路の開閉を行う.

図 6-14 押しボタン
　　　　 スイッチ

図 6-15 トグルスイッチ

図 6-16 ロッカスイッチ

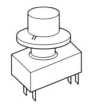

図6-17　ロータリスイッチ　　　　図6-18　リミットスイッチ　　　図6-19　マイクロスイッチ

（6）マイクロスイッチ

マイクロスイッチは，小さな接点の接触により，電気回路の開閉を行う．

2　センサ

センサは各種の物理量や化学量を電気信号に変換する電気部品である．

センサの種類には次のようなものがある．

（1）光電センサ

光電センサは，検出物体に光を当て，その反射量を検出し，電気信号に変換するセンサであり，物体の有無や位置などの検出に多く用いられる．

（2）超音波センサ

超音波センサは，発信器から超音波を発生させて受光器で受波するものであり，反射型と透過型がある．あまり小さなものは検出できないが，大きなものならば材質や状態に関係なく検出できるため，液面，粒体，人体などの検出に用いられる．

（3）レーザセンサ

レーザセンサは，検出物体にレーザ光を当てて物体を検出するセンサであり，透過型と反射型がある．レーザ光を用いているため，遠距離にある微細なものも検出できる．反射型は距離センサとしても用いられる．

（4）赤外線センサ

赤外線センサは，検出物体から放出される赤外線を検出するセンサである．人体からも赤外線が出ているため，これを検出すれば人間の存在を検知できる．

（5）近接センサ

近接センサは，物体が近づいたことを非接触で検出するセンサである．高周波型は金属の検出用として用いられる．静電容量型はセンサと検出物体との間に生じる静電容量を検出するセンサである．高応答で長寿命という長所がある．

（6）温度センサ

温度センサは，温度変化によって電気抵抗が大きく変化することを利用したサーミスタ，白金-ロジウムなど二つの異なる金属間に発生する熱起電力を利用した**熱電対**などがある．

（7）力センサ

荷重を測定する場合には，**ひずみゲージ**が多く用いられる．これは，金属の抵抗線を伸び縮みさせたときに材料の抵抗が変化することを利用したものである．ひずみと抵抗率には比例関係があり，この間にある材質による定数を**ゲージ率**という．

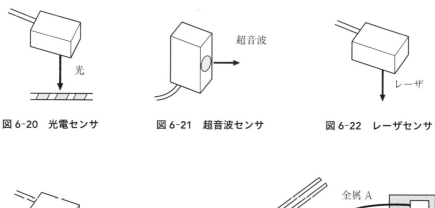

図 6-20　光電センサ　　**図 6-21　超音波センサ**　　**図 6-22　レーザセンサ**

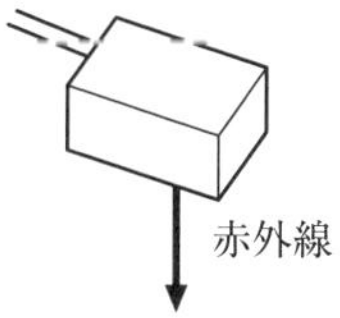

図 6-23　赤外線センサ 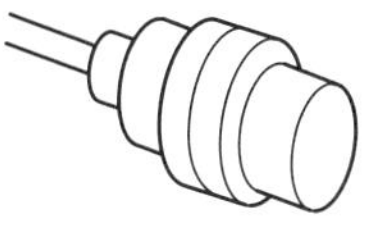　　**図 6-24　近接センサ** 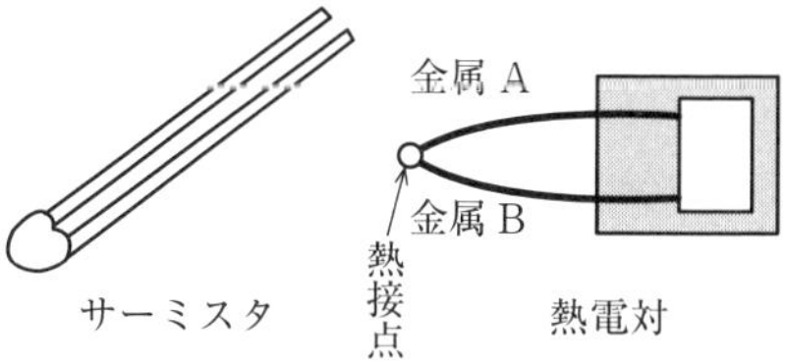　　**図 6-25　温度センサ**

　抵抗線ひずみゲージは細い金属線をプラスチックフィルムなどの絶縁物に貼り付けたものであり，これを弾性体に貼り付けることで，その部材に加わる引張りや圧縮，曲げ，ねじりなどのひずみと応力を求めることができる．

　代表的な力センサにロードセル（**荷重計**）がある．これは弾性体に荷重が加わると，それに貼られたひずみゲージの電気抵抗から荷重を求めることができる．

　また，ひずみゲージを運動中の物体に貼り付けて，そのひずみを測定すれば，運動方程式から加速度を求めることもできる．これを応用したものが**加速度セン**サである．

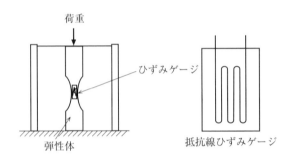

図 6-26　ロードセル

　スイッチやセンサの詳細は，各メーカのサイトを参照するとよい．

・NKK スイッチズ　　　https://www.nkkswitches.co.jp/
・アルプスアルパイン　　https://www.alpsalpine.com/
・オムロン　　　　　　　https://www.omron.co.jp/
・村田製作所　　　　　　https://www.murata.com/
・共和電業　　　　　　　https://www.kyowa-ei.com/

6-4 出力装置

① モータ

モータは電気エネルギーから回転運動を取り出す代表的なアクチュエータである. モータにはさまざまな種類があるため, その特性を理解して適切なものを選定できるとよい.

（a）モータの種類

（1）直流モータ（DC モータ）

直流モータは直流電源で作動するモータであり, 速度の制御や回転方向の逆転が容易である. また, 始動トルクが大きいという特長もある. 直流モータは構造上, 整流子とブラシの間の摩耗や火花発生などの問題点がある. この改善策としてブラシレス DC モータが登場した. これは後述する交流同期モータとほぼ同じである.

（2）交流モータ（AC モータ）

交流モータは交流電源で作動するモータであり, 家庭用機器に使用される単相誘導モータと工場用機器に使用される三相誘導モータがある. これらのモータは 50 Hz や 60 Hz などの周波数によって決まる回転磁界と同じ回転速度で回転する. 回転速度を変えるためには, インバータ（交流周波数制御）を用いて, 入力周波数を変える方法がある.

（3）交流同期モータ（AC 同期モータ）

交流同期モータは, 交流誘導モータの回転子として鉄芯の代わりに永久磁石を用いたものである. 回転磁界と同じ回転速度が得られる. 小型で効率がよく, 信頼性も高く, 形状の自由度も高いため, 薄型モータなどに用いられる. 通常は電子回路とともに用いられる.

（4）ステッピングモータ

ステッピングモータは, 固定子の巻線に一定の角度だけが動くパルス信号を送って駆動させるモータであり, デジタル機器を組み合わせることで, 始動・停止や回転速度の調整, 正転・逆転などを正確に行うことができる. 各種位置決め制御に適するモータであり, 通常は電子回路とともに用いられる.

このモータの回転原理は, 固定子コイルの向かい合う部分に順番（たとえば,

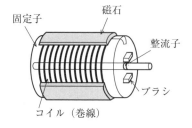

図 6-27　直流モータ

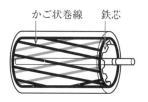

図 6-28　交流モータ

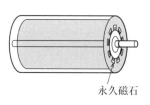

図 6-29　交流同期モータ

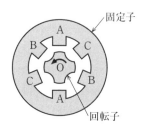

図 6-30　ステッピングモータ

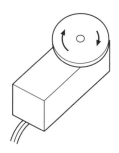

図 6-31　RC 用サーボモータ

A → B → C）に電流を流すことで，回転子が固定子の磁極に引かれ，一定角度
ずつ回転するというものである．1 パルスで回転する角度を**ステップ角**といい，
たとえば 1 パルス 1.8° のモータに 100 パルスを加えたときには，モータは 1.8°
×100＝180° 回転することになる．

（5）サーボモータ

サーボモータは，物体の位置や姿勢，速度など制御量としたフィードバック制
御系であるサーボ機構の駆動部分に多く用いられるモータである．一般のモータ
よりも，回転の慣性を小さいため，小型で高トルクを得ることができる．

近年，ロボットの関節などに多く用いられる RC 用のサーボモータは，速度制
御ではなく左右 60°〜90° 程度の角度を制御をするために用いられる．ラジコン
の受信機から RC サーボの制御信号へは，パルスが出力されるため，サーボを作
動させるには受信機から出力される信号を RC サーボに送ればよい．

（b）モータの原理

モータの回転する原理は**フレミングの左手の法則**で説明できる．これは，磁界
中にある導線 L〔m〕に電流を流したとき，それにはたらく力 F の向きは，左手
で人差し指を磁界 B〔T〕，中指で電流 I〔A〕を指したときの親指の向きになる．
電磁力の大きさは次式で表される．

$$F = I \cdot B \cdot L \ \text{〔N〕}$$

（c）モータのトルク

F〔kgf〕のおもりを半径 r〔m〕のプーリで持ち上げるときの**トルク（回転力）** T
は次式で表される．

$$T = F \cdot r \ \text{〔kgf·m〕} \quad \text{または} \quad \text{〔N·m〕}$$

ばねばかりで〔kgf〕を読みとった場合には，1 kgf＝9.8 N の関係より，〔N·m〕
の単位で表すとよい．

（d）モータの回転数

モータの回転数は 1 分間あたりの回転数である〔min^{-1}〕が用いられることが多い．

（e）モータの選定

モータの性能で大切なことは，取り出すことができるパワーである**定格出力**が
何 W か，適正な負荷でモータを動かしているときのトルクが何 N·m か，また
そのときの**定格回転速度**は何 min^{-1} かなどである．設計する機械において，モー
タにどれくらいの性能が必要かを明確にしてから，選定する必要がある．

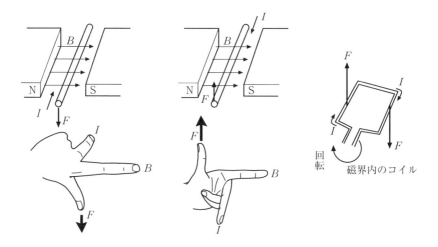

図 6-32　フレミングの左手の法則

直流モータの動力特性をまとめておく.

① 電流を流せば, トルクは大きくなる. これは回転速度には無関係である.

② 負荷を加えるとトルクが大きくなり, 回転速度は小さくなる.

③ トルクが大きくなると, ある程度まで効率は高まり, その後, 小さくなる.

モータの詳細は, 各メーカのサイトを参照するとよい.

・日本電産サーボ　　　　　https://www.nidec.com/

・山洋電気　　　　　　　　https://www.sanyodenki.co.jp/

・オリエンタルモーター　　https://www.orientalmotor.co.jp/

・マブチモーター　　　　　https://www.mabuchi-motor.co.jp/

また, 次の 2 社は主としてラジコン用サーボモータを扱っている.

・双葉電子工業　　　　　　http://www.futaba.co.jp/

・近藤科学　　　　　　　　https://kondo-robot.com/

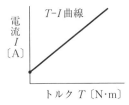

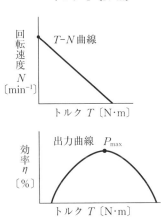

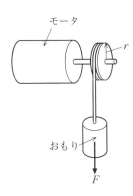

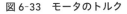

図 6-33　モータのトルク　　　図 6-34　直流モータの動力特性

② 空気圧シリンダ

　空気圧シリンダは，圧縮空気を利用して直線運動を取り出すアクチュエータである．作動流体が空気であるため，大きな負荷がかかっても圧縮性などの特性から安全性が高く，環境への悪影響も少ないという長所がある．しかし，精密な速度制御や位置決めが難しいなどの短所もある．

　空気の代わりに油を用いたものに油圧シリンダがある．これは空気圧シリンダより大きな力を正確に取り出すことができる．作動圧力は空気圧シリンダが大きくても 0.5 MPa であるのに対して，油圧シリンダは 3.5〜20 MPa である．

（a）作動原理

　図 6-35 に空気圧シリンダの作動原理を示す．

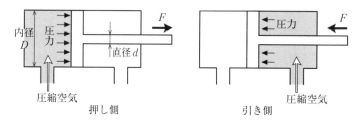

図6-35　空気圧シリンダの作動原理

（b）ピストンの力

　空気圧シリンダから取り出せる力は，加える圧縮空気の圧力とシリンダの断面積から求められる．シリンダを引く場合には，ロッドの断面積だけシリンダ全体の断面積が減少するため，注意して使用する必要がある．

　空気圧シリンダの内径を D〔mm〕，ロッド径を d〔mm〕，圧縮空気の圧力を P〔MPa〕，負荷率（摩擦などによるロス）を η〔%〕とすると，ピストンが押す力 F_1〔N〕と引く力 F_2〔N〕は次式で表される．

　　押し側　　$F_1 = \dfrac{\pi}{4} D^2 P \eta$ 〔N〕

　　引き側　　$F_2 = \dfrac{\pi}{4} (D^2 - d^2) P \eta$ 〔N〕

（c）ピストンの速度

　圧縮空気の流量が Q〔m³/s〕のとき，シリンダの内径が D〔mm〕のピストンの速度 v〔m/s〕は，次式で表される．

$$v = \dfrac{Q}{\dfrac{\pi}{4} D^2} \ \text{〔m/s〕}$$

（d）ピストンの出力

　ピストンの力を F〔N〕，ピストンの速度を v〔m/s〕とすれば，ピストンの出力 P〔W〕は，次式で表される．

　　　　$P = F \cdot v$ 〔W〕

例 6-6　空気圧シリンダの出力計算

空気圧シリンダの内径が 20 mm，ロッド径が 4 mm，圧縮空気の圧力が 0.5 MPa，負荷率（摩擦などによるロス）が 80 % のとき，ピストンが押す力 F_1〔N〕と引く力 F_2〔N〕を求めなさい．また，圧縮空気の流量が 0.5 m³/s のとき，ピストンの速度と押し側の出力を求めなさい．

解答　押し側　$F_1 = \dfrac{\pi}{4} D^2 P \eta$

$$= \dfrac{3.14}{4} \times 20^2 \times 0.5 \times 0.80 = 126 \text{ N}$$

引き側　$F_2 = \dfrac{\pi}{4}(D^2 - d^2) P \eta$

$$= \dfrac{3.14}{4}(20^2 - 4^2) \times 0.5 \times 0.80 = 121 \text{ N}$$

速度　$v = \dfrac{Q}{\dfrac{\pi}{4} D^2}$

$$= \dfrac{0.5}{\dfrac{3.14}{4} \times 20^2} = 1.6 \times 10^{-3} \text{ m/s}$$

出力　$P = F_1 \cdot v$
$$= 126 \times 1.6 \times 10^{-3} = 0.20 \text{ W}$$

（e）各種空気圧機器のはたらき

空気圧シリンダは単品で使用することはできず，さまざまな空気圧機器と接続して，空気圧システムを構成して作動させる．

（1）空気圧縮機

空気圧縮機は，まわりの空気を取り込んで圧縮空気をつくり出す装置である．

（2）空気圧調整ユニット

空気圧調整ユニットは，圧縮空気に含まれるごみやほこりを取り除く空気圧フィルタ，圧縮空気の圧力を下げる減圧弁（レギュレータ），圧縮空気に潤滑油を霧状にして送るルブリケータ（オイラともいう）の三つの部品からなる．

（3）電磁弁

電磁弁は方向制御弁ともいい，空気圧調整ユニットから送られてくる圧縮空気の方向を制御する電気部品である．12 V や 24 V など定められた電圧を加えるこ

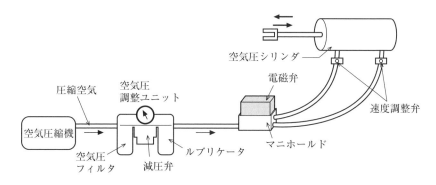

図6-36　空気圧システムの構成

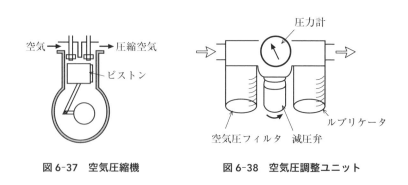

図6-37　空気圧縮機　　　　**図6-38　空気圧調整ユニット**

とで，空気シリンダの押し側や引き側を切り換えることができる．電磁弁は圧縮空気が流れているホースと接しているマニホールドという部品と一体になって使用されることが多い．

（4）速度調整弁

速度調整弁はアクチュエータの作動速度を制御するはたらきがある．空気圧シリンダに用いることで，ピストンに「ゆっくり押して，すばやく引く」などの動きをさせることができる．

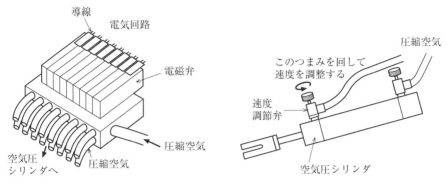

図 6-39　8連マニホールドと
一体化させた電磁弁

図 6-40　速度調整弁

（5）シーケンサ

空気圧システムは，シーケンス制御と組み合わせて使用されることが多い．このときよく用いられるのがシーケンサである．これは，**プログラマブルロジックコントローラ（PLC）**ともよばれる多数のリレーやタイマなどの集合体のコンピュータであり，入力機器の指令信号 ON/OFF などに応じて，出力機器を ON/OFF することで，さまざまなシーケンス制御を実現できる．

空気圧機器の詳細は，各メーカのサイトを参照するとよい．
・SMC　　　　https://www.smcworld.com/
・CKD　　　　https://www.ckd.co.jp/
・コガネイ　　https://official.koganei.co.jp/
・PISCO　　　https://www.pisco.co.jp/

6-5　制御装置

① コンピュータの基本構成

制御にはさまざまなコンピュータが活用されている．その基本構成は，**入力装置**，**出力装置**，**主記憶装置**，**制御装置**，**論理演算装置**の五つからなる．また，主記憶装置，制御装置，論理演算装置を**処理装置**という．さらに，制御装置と論理演算装置をまとめて**中央処理装置**（CPU）という．

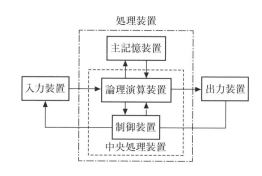

図6-41　コンピュータの基本構成

入力装置からデータを取り込んだり，出力装置からデータを取り出したりするときに，データの橋渡しをする装置を**インタフェース**という．これは，それぞれ異なる動作電圧，駆動電流，応答速度などの違いを調整し，標準の形に統一したうえで用途に応じて組み合わせて使用する．

コンピュータに入力できるデータは0と1からなる**2進数**である．センサなどの入力装置から取り入れられたデータは**入出力ポート**（I/Oポートともいう）とよばれる装置を通して各種制御に必要な回路へ出力される．

アナログ信号を2進数で表されたデジタル信号に変換することを**A-D変換**，デジタル信号をアナログ信号に変換することを**D-A変換**という．

② データの表し方

2進数と10進数

コンピュータの内部ではデータが0か1の2進数で行われている．この0と1で表される情報の基本的な単位をビットという．これは情報の最小

表 6-1　2進数と10進数

10進数表示	2進数表示
0	0
1	1
2	10
3	11
4	100
5	101
6	110
7	111
8	1000
9	1001
10	1010
11	1011
12	1100
13	1101
14	1110
15	1111
16	10000
17	10001

単位でもある.

例6-7　2進数から10進数への変換

次の2進数を10進数に変換しなさい.

① 11001101　② 10111101

解答

① $(11001101)_2 = 1 \times 2^7 + 1 \times 2^6 + 0 \times 2^5 + 0 \times 2^4 + 1 \times 2^3 + 1 \times 2^2 + 0 \times 2^1 + 1 \times 2^0$
$= 128 + 64 + 0 + 0 + 8 + 4 + 0 + 1 = 205$

② $(10111101)_2 = 1 \times 2^7 + 0 \times 2^6 + 1 \times 2^5 + 1 \times 2^4 + 1 \times 2^3 + 1 \times 2^2 + 0 \times 2^1 + 1 \times 2^0$
$= 128 + 0 + 32 + 16 + 8 + 4 + 0 + 1 = 189$

例6-8　10進数から2進数への変換

次の10進数を2進数に変換しなさい.

① 11　② 189

解答

①
```
2) 11   あまり
2)  5…1
2)  2…1
2)  1…0
    0…1
(11)₁₀ = (1011)₂
```

②
```
2) 189   あまり
2)  94…1
2)  47…0
2)  23…1
2)  11…1
2)   5…1
2)   2…1
2)   1…0
     0…1
(189)₁₀ = (10111101)₂
```

③ 論理回路

コンピュータなどのデジタル信号を扱う機器において論理演算を行う電子回路を**論理回路**といい,ここでは二進数で表された0と1を組み合わせた信号で演算や記憶が行われている.基本的な論理素子には,図6-42に示すようなものがあり,AND回路(論理積回路),OR回路(論理和回路),NOT回路(否定回路)などを基本論理回路という.AND回路ではすべての入力が1のとき,出力が1になる.OR回路では,少なくとも一つの入力が1のとき出力が1になる.また,NOT回路は入力と出力が逆(否定)になる.

これらの論理回路を構成する電子部品として,抵抗やコンデンサ,またトラン

121

論理回路	図記号	真理値表

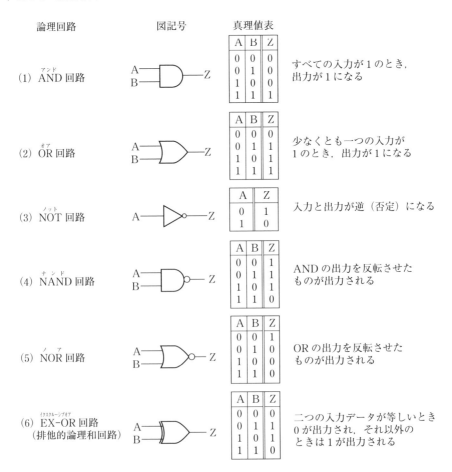

(1) AND 回路

A	B	Z
0	0	0
0	1	0
1	0	0
1	1	1

すべての入力が1のとき，出力が1になる

(2) OR 回路

A	B	Z
0	0	0
0	1	1
1	0	1
1	1	1

少なくとも一つの入力が1のとき，出力が1になる

(3) NOT 回路

A	Z
0	1
1	0

入力と出力が逆（否定）になる

(4) NAND 回路

A	B	Z
0	0	1
0	1	1
1	0	1
1	1	0

AND の出力を反転させたものが出力される

(5) NOR 回路

A	B	Z
0	0	1
0	1	0
1	0	0
1	1	0

OR の出力を反転させたものが出力される

(6) EX-OR 回路
（排他的論理和回路）

A	B	Z
0	0	0
0	1	1
1	0	1
1	1	0

二つの入力データが等しいとき0が出力され，それ以外のときは1が出力される

図 6-42　論理回路

ジスタやダイオードなどの半導体がある．現在でもこれらは用いられているが，IC に集積されたものも多い．

④ **マイコン制御とプログラミング**

　マイコンはマイクロコントローラの略であり，1 個の半導体チップにコンピュータ全体を集積したものである．この集積回路には，中央処理装置（CPU）や入出力装置などが格納されており，単体でコンピュータとしての一通りの機能

をもつ.

　その機能はシンプルで安価なものが多く，家電製品や携帯電話，自動車など，私たちの身の回りにある多くの製品に組み込まれている．具体名としては，PIC，AVR，H8 などがあり，これらはワンチップマイコンともよばれる.

　マイコンボードとは，マイコンと入出力回路などの周辺回路を 1 枚の基板に乗せて手軽にマイコンを利用するための基板である．家電製品などに組み込まれているマイコンはプログラムの書き込みを行うものではないが，マイコンボードは教育用として何度も書き込みができる．プログラムの開発言語には C 言語や Python やブロックを接続してプログラミングを行う Scratch などがある．後者は教育用として小中学生向けのプログラミングに幅広く活用されている．最近では一般的なパソコンと同程度の実用性をもつとともに汎用 I/O ポートである GPIO などを備えた高性能・高機能なワンボードマイコンをシングルボードコンピュータとよぶこともある．プログラミングの開発環境は多くが無料で使用できるため，マイコン制御の敷居はますます低くなっている.

　近年は機械系の技術者もマイコンボードを活用して機械制御に取り組むことが容易になっている．通信機能に優れたものや拡張基板を取り付けることで画像認識や音声認識など高度なことができる機種もあり，趣味の電子工作でもかなりのことができる.

　マイコンボードでできることを簡単に述べると「何らかの入力信号が入ったとき，何らかの出力信号を出す」ということである．たとえば，光センサと LED から構成される電気回路を作成して，「暗くなったら，LED を点灯させる」というプログラムを組むことでこれを実現する．または，赤外線センサと電気モータから構成される電気回路を作成して，「前方に障害物を感知したら，電気モータの回転を逆転する」というプログラムを組むことでこれを実現する．このとき，入力信号が単純に ON か OFF かというものをデジタル入力，温度のように連続した量を温度センサで入力するものをアナログ入力という．出力でも単に LED が点灯（ON）か消灯（OFF）かというデジタル出力，出力する明るさに強弱があるものをアナログ出力という.

　次に代表的なマイコンボードを紹介する.

　Arduino（アルドゥイーノ）は AVR マイコンや入出力ポートを備えたマイコンボードであり，ソフトウェアの Arduino IDE にて，C 言語風の Arduino 言語に

よってプログラムを作成，コンパイル，デバッグなどを行い，これを Arduino
ボードに転送する．

　Arduino にはいくつもの種類があるが，ここでは代表的な機種である Arduino
Uno R3 の仕様をまとめる．マイコンチップには ATmega328P が用いられてお
り，動作電圧は 5 V，デジタル I/O ピンは 14 本（うち 6 本は PWM 出力可能），
アナログ入力ピンは 6 本（デジタル I/O ピンとしても利用可能），DC 出力電流
は一つの I/O ピンあたり 20 mA 程度で I/O ピン全部の合計 100 mA までである．

　入力ピンにはスイッチやセンサ，出力ピンには LED やモータなどを接続して，
プログラムによって適切な動作をさせる．

　micro:bit（マイクロビット）は，イギリスの BBC が主体となってつくった，手の
ひらサイズの教育向けマイコンボードである．ここでは 2020 年に発売された
v2.0 の仕様をまとめる．マイコンチップには，32 bit ARM Cortex M4 ベース
Nordic nRF52833 が用いられており，左右に 1 個ずつ（合計 2 個）のボタンがあ
り，下端には左から，P0 端子，P1 端子，P2 端子，3 V 端子，GND 端子がある．
これらの端子はワニグチクリップやバナナクリップを使って，外部と接続するこ
とができる．また，25 個の LED やスピーカとマイク，明るさセンサ，加速度セ
ンサ，磁力センサ，温度センサ，無線通信機能（BLE）を搭載しているため，これ
らを活用するだけでも簡単な作品を作成できる．また，端子に各種のセンサやア
クチュエータを接続することで，LED を光らせることやモータを回転させるこ
となどができる．なお，micro:bit は無線通信機能に優れており，2 台での通信が
容易である．また，モータやセンサを作動させるための拡張基板も充実している．

図 6-43　Arduino

図 6-44　micro:bit

第7章　機械工作学

7-1　手仕上げ

　手仕上げは人間が自ら工具を握って加工を行う作業をいう．工作機械を使用する際にも，手仕上げがなくなることはない．一つの技能を習得するには時間がかかるが，まずはその基本をきちんと押さえて，着実に覚えていくとよい．ここでは主に金属加工に関する作業内容を説明する．

① けがき

　けがきは，これから切断したり，折り曲げたりする部分の下線を金属板にしるす作業である．直線を引く場合には**鋼尺**と**けがき針**，円を描く場合には**けがき用コンパス**などを使用する．なお，金属へのけがき線は見にくいことが多いため，けがき線を引く部分にあらかじめマジックインクなどで色をつけておき，その上にけがき線を引くとよい．なお，**青ニス**とよばれるけがき専用のインクもある．

② 芯出し

　芯出しは，丸棒の中心にドリルで穴をあけたいときなどに，その中心を決める作業である．この作業は**定盤**の上にある**V ブロック**に工作物を置き，これを 90°

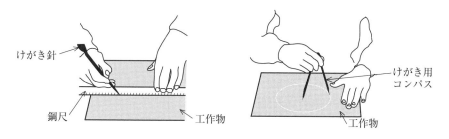

図7-1　けがき作業と寸法取り

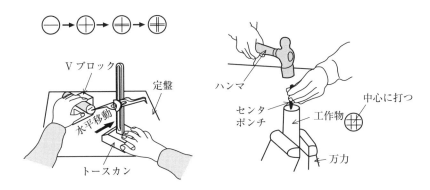

図7-2　芯出し作業

ずつ回転させながら**トースカン**で水平線を引き，最後にハンマでたたいて，その中心に**センタポンチ**で印をつける．この印はドリルで穴をあけるときに，その先がぶれないようにするはたらきがある．なお，このときハンマは何度もたたかず，一発で印をつけるようにする．

③ **棒の切断**

　丸棒や角棒などの金属棒は**弓のこ**で切断できる．この作業は工作物を**万力**（バイス）にはさみ，片手で弓のこの柄をもち，もう片方の手でフレームをつかんで行う．このときの足の位置のめやすを図7-3に示す．また，のこぎりは押し・引きを繰り返しながらの作業であるが，一般に木材などの柔らかい材料は引くときに切り，金属などの硬い材料では押すときに切る．なお，棒材を切り込んでいくと，少しずつ刃物と材料の接触面積が大きくなるため，抵抗も大きくなる．このようなときには，刃物の切込み角度を変えながら作業をすると抵抗が小さくなり，切断しやすくなる．

④ **板の切断**

　厚さ0.6 mmくらいまでの金属板は**金切りはさみ**で切断することができる．刃先の形状は直線を切る直線状のものと，曲線に切る曲線状のものがある．

　金切りはさみより金属板を精度よく直線状に切りたいときには**足踏みせん断機**が用いられる．これは，まっすぐな2枚の刃物の間に工作物を置き，せん断力で

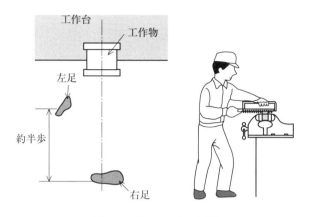

図 7-3 弓のこによる切断

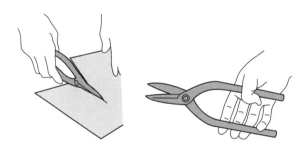

図 7-4 金切りはさみによる切断

切断するものである．鋼板なら目安として 1 mm 以下，アルミ板なら 2 mm 以下の厚さのものまで切断できるが，油圧で工作物に力を加える大型のものもある．なお，刃物で金属板を円形に切り出すのは困難であるため，金切りはさみで切断できないものは後述する溶断による方法がとられることが多い．

5 **板の曲げ**

金属板を曲げたい場合，薄くて柔らかい材料ならば，金属片などを押し当てながら，加工できる．より厚い材料の場合には，溝に工作物をはさんで油圧などで

127

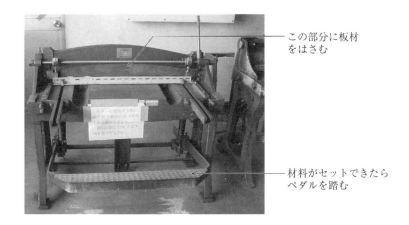

この部分に板材
をはさむ

材料がセットできたら
ペダルを踏む

図 7-5　足踏みせん断機による切断

力を加える**曲げ機**を使用するとよい．なお，加えた力をすぐに取り除くと変形が元に戻る**スプリングバック**が発生するため，一定時間力を加える必要がある．

⑥ 棒の曲げ

金属棒をコイル状に巻きたい場合は，適切な大きさの円板に押しつけながら加工できる．パイプ状の材料では，断面がつぶれてしまうことがあるため，断面内部に砂を詰めてバーナで加熱しながら加工を行う．

⑦ やすりがけ

やすりがけは工作物表面の凹凸をなくしたり，ばりを取ったりする作業であり，金属のやすりがけには**鉄工やすり**が使用される．やすりの目の粗さには，荒目，中目，細目，油目などがあり，その断面形状には平，角，丸，半丸，三角などがある．これらは，工作物の材料や工程に応じて適切なものを使用する．

やすりがけの作業は，万力で工作物をきちんと固定してから始める．やすりは片方の手で柄，もう片方の手で先をもち，やすりの幅全体を使うようにする．やすりを材料に押し当てたら，両脇を締めて，腕だけを動かすのではなく，腰をすえて，膝を動かしながら，体全体の重心を移動させる．なお，足の位置は，弓のこと同じである．

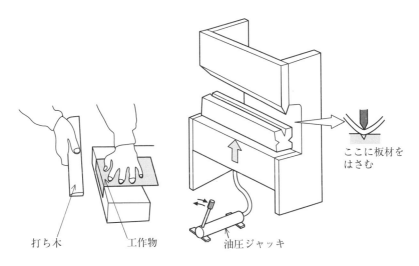

ここに板材を
はさむ

打ち木　　　　　工作物　　　油圧ジャッキ

図 7-6　板の曲げ作業

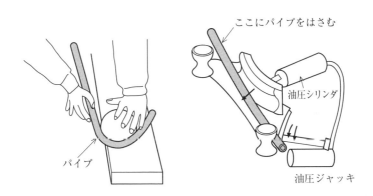

ここにパイプをはさむ

油圧シリンダ

パイプ

油圧ジャッキ

図 7-7　棒の曲げ作業

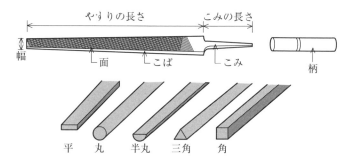

図7-8　鉄工やすりの各部の名称と断面形状

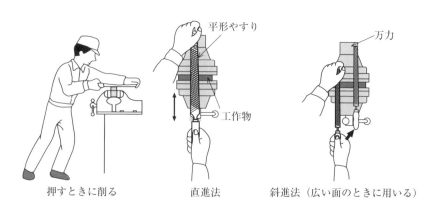

図7-9　やすりがけの姿勢

⑧　**ねじ立て**

　棒材にねじを切る作業をねじ立てといい，おねじ切りには**ダイス**，めねじ切りには**タップ**を使用する．

（1）　**ダイスによるおねじ切り**

　ダイスは切り出す工作物の直径に応じたものを選んで使用する．たとえば，直径6mmのおねじ切りをしたいときには，M6のダイスを選ぶ．ここでMはねじを表す記号であり，この刻印面を下にして工作物に押し当てて使用する．

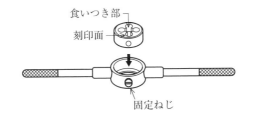

図 7-10 ダイス

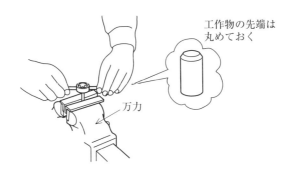

図 7-11 ダイスによるおねじ切り

おねじ切り作業は，万力で工作物をきちんと固定してから始める．おねじが工作物に食いつきやすくするため，工作物の端はやすりで丸めておく．ダイスを下向きに力を加えながら回転させることで工作物に食いついたら，1～2回転させてから半回転戻すという作業を繰り返す．削りくずが出てきたら，下向きに力を加えなくても回転力だけで少しずつねじがつくられる．なめらかに回転しない場合には，切削油を加える．

（2）　タップによるめねじ切り

タップはダイスと同様に，切り出す工作物の直径に応じたものを選んで使用する．タップを差し込む穴はあらかじめボール盤などを使用してあけておく必要が

131

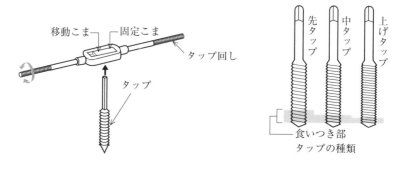

図 7-12　タップ

ある．このとき，直径 6 mm のめねじを切るための下穴は，これに 0.80〜0.85 を掛けたものとする．すなわち，直径 6 mm の下穴は 5 mm を選ぶとよい．直径 6 mm の下穴をあけてしまうと，タップを差し込んだときにすっぽりとはまってしまい，めねじが切れない．

　タップは，食いつき部の形状が異なる 3 種類が 1 セットになっており，先タップ，中タップ，上げタップの順に使用する．

　めねじ切り作業は，万力で工作物をきちんと固定してから始める．タップ回しのハンドルを下向きにして力を加えながら，2〜3 回転させてから半回転戻す作業を繰り返す．タップを無理に回すと折れることもあるので，適当に切削油を加

図 7-13　タップによるおねじ切り

える。また，途中で穴に切りくずがたまったら，取り除いてから作業を続ける。

　きちんとねじが切られていても，ねじ部の深さが十分でなければ，確実なねじ止めはできない。一般にねじ部の深さは，おねじの外径を d 〔mm〕とすると，ねじ部の深さは軟鋼では d 〔mm〕，軽合金では $1.8\,d$ 〔mm〕以上とることが定められている。たとえば，直径 10 mm のねじの深さは 10 mm 以上とる。

⑨ 穴あけ

　穴あけはドリルに回転運動と軸方向への送りを与える工作法である。ドリルの刃部には，先端角，逃げ角，ねじれ角などがあり，工作物の材質に応じて適切な角度のものを使用する。

（1）リーマ

　ドリルであけた穴の内面をなめらかで精度よく仕上げるものがリーマである。リーマは食いつき部と平行部からなり，下穴に合わせて適切な径のものを使用する。下穴が大きすぎるとリーマに負担がかかり，小さすぎるとすべってしまうため，下穴の径はリーマの径より 0.1～0.2 mm ほどの大きさのものを選ぶ。

（2）ドリル

　ドリルはハンドドリル，リーマはタップ回しに取り付けることで，手動操作ができる。

　ハンドドリルは木材やプラスチックなどの穴あけはできるが，金属加工には適さない。電動ドリルを使用することで，より高速で高トルクの回転を得ることができる。しかし，電動ドリルを手で支えて操作していては，正確な位置決めに限

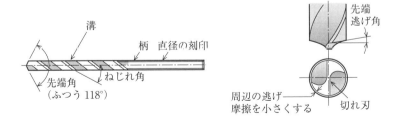

図 7-14　ドリル

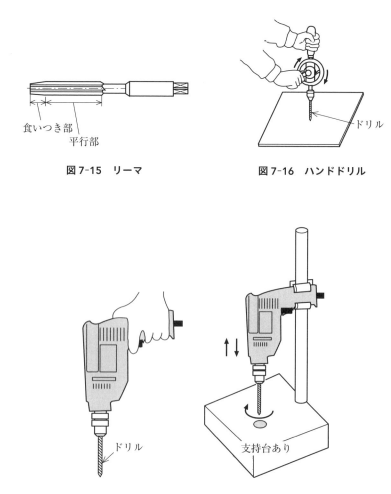

食いつき部
平行部

図 7-15　リーマ

ドリル

図 7-16　ハンドドリル

ドリル

支持台あり

図 7-17　電動ドリルの操作

界がある．そのため，電動ドリルは支持台に固定して使用することもできる．これを発展させた工作機械がボール盤である．

（3）ボール盤

　卓上ボール盤は，ドリルやリーマなどを正確に作動させて穴あけ作業を行う代表的な工作機械である．材質に応じた回転速度を選択して，工作物を正しい位置に固定したら，手動でハンドルを操作することで穴あけができる．ハンドルの操作は人間によるため，自動ではない．そのため，工作物をよく観察して，切削油を加えながら，適切な速度でハンドルを操作する．

　ラジアルボール盤は，卓上ではなく床に固定して使用する大型のボール盤である．卓上ボール盤で使用できるドリルの径は一般的に 15 mm 程度である．そのため，それ以上大きな穴をあけたいときには，ラジアルボール盤を使用する．

　ボール盤の作業を効率よく進めるためには，ドリルが工作物に接したときに，工作物がぶれたり飛んだりしないように，工作物を固定する必要がある．また，

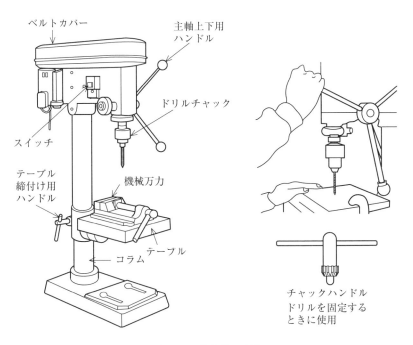

図 7-18　卓上ボール盤

ドリルが工作物の面に垂直に接するように，平行台や V ブロック，万力などをうまく使用するとよい．丸棒の側面に穴をあける場合などには，特に注意が必要である．

また，同じ部品の同じ位置に数多くの穴をたくさんあけるときには，位置決めがしやすいような**治具**を製作して用いるとよい．なお，ボール盤の加工では，切りくずが目に入る危険があるため，作業のときには必ず**保護めがね**を着用する．

10　測　定

ものづくりの途中では，さまざまな場面で部品の寸法を測定する必要がある．代表的な長さの測定器は鋼尺であるが，より精密な測定を行うためには，ノギスやマイクロメータ，ダイヤルゲージなどが使用される．測定器の使い方は，工具の使い方とともに覚えておくとよい．

（1）ノギス

ノギスは，工作物をはさんでその外径や内径，または穴の深さなどを測定するものである．ノギスを使うと，0.05 mm まで寸法を読み取ることができる．

①　バーニヤ（副尺）の目盛の 0 のすぐ上にある本尺の目盛を読む．

　　図 7-21 では 6 mm

②　本尺の目盛とバーニヤも目盛が一致している点を見つけて，バーニヤの目盛とする．

　　図 7-21 では 0.85 mm

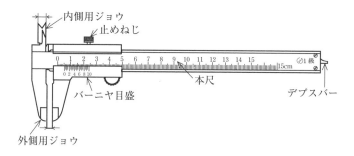

図 7-19　ノギス

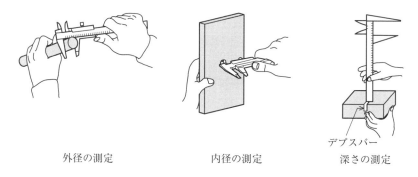

外径の測定　　　　　　内径の測定　　　　　　深さの測定

図 7-20　ノギスの使い方

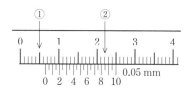

図 7-21　ノギスの読み方

③　①と②で読み取った値を加えたものを測定値とする.

6 + 0.85 = 6.85 mm

小数第 2 位は 5 か 0 になるが, 0 の場合も 0 を読み取ったという意味で, きちんと明記するとよい.

（2）マイクロメータ

マイクロメータは, 工作物をはさんでその外径を測定するものであり, ノギスより精度がよく 0.01 mm まで寸法を読み取ることができる. なお, ラチェットストップは, 測定圧を一定にするはたらきがある.

①　スリーブの目盛がシンブルで隠れる手前の目盛を読む.

図 7-23 では 7.5 mm

②　スリーブの軸線上にあるシンブルの目盛を読む.

図 7-23 では 0.30 mm

137

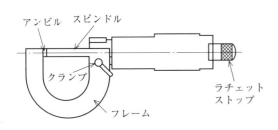

図 7-22　マイクロメータ

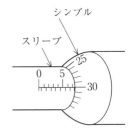

図 7-23　マイクロメータの
読み方

③　①と②で読み取った値を加えたものを測定値とする.

7.5＋0.30＝7.80 mm

（3）ダイヤルゲージ

ダイヤルゲージは，工作物などの基準面の測定子を押し当てて基準をとり，そこからの位置関係を測定するものであり，0.01 mm まで寸法を読み取ることができる.

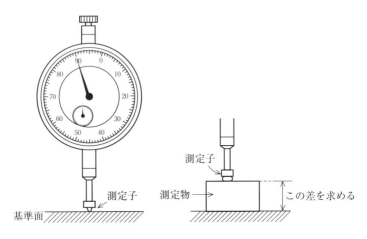

図 7-24　ダイヤルゲージ

7-2 切削加工

　切削加工は，切削工具と工作物の間に運動を与えて，不要な部分を刃物で削り取る工作法である．切削加工を行う場合には，工作物の材質や形状に合った切削工具を正しく選び，回転数や刃物の切込み量などの適切な切削条件のもとで，工作物の加工に合った工作機械を使用する．

　ここでは，代表的な工作機械である**旋盤**と**フライス盤**を取り上げる．

① 旋盤

（a） 旋盤とは

　旋盤は，工作物を回転させ，バイトとよばれる刃物を用いて切削加工を行う工作機械である．旋盤による切削加工を**旋削**といい，主として円筒形の工作物を扱う．

　主軸台には，動力を伝達する主軸とその速度を変換するレバーが取り付けられている．

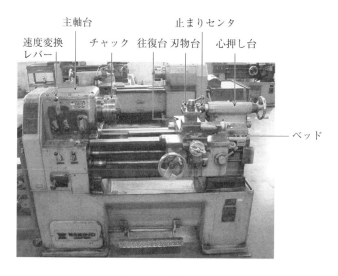

図 7-25　旋盤の構造

　心押し台には，センタやドリル，リーマなどを固定する**心押し軸**が取り付けられている.

　往復台には，バイトを固定する四角い**刃物台**が取り付けられており，縦送りや横送りができるハンドルで操作する.

（b）　バイトの種類と工作法

　すくい角が大きいほど，切りくずの流れがスムーズで，きれいな仕上げ面になる.

　逃げ角は工作物とバイトの摩擦を少なくするはたらきがある.

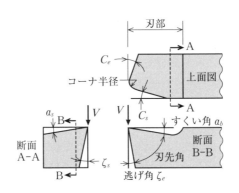

図7-26　バイトの刃部

（c）　切削速度と主軸速度

　旋盤の**切削速度**は，バイトに対する工作物の切削面の周速度で表す. 周速度は円筒部の半径で定まるため，主軸の速度が等しい場合，半径が大きいほうが周速度は大きくなる. 切削速度は，仕上げ面の状態や切削効率，バイトの寿命などに関係するため，適切なものを求める必要がある.

　工作物の外径 D〔mm〕，主軸の回転速度 n〔min^{-1}〕，切削速度 v〔m/min〕の間には，次の関係がある.

$$v = \frac{\pi D n}{1\,000} \quad または \quad n = \frac{1\,000\,v}{\pi D}$$

　切削速度は，工作物の材料や削り方によって異なる. その目安を切削速度表

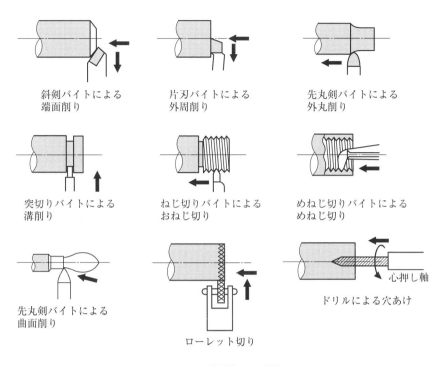

図 7-27 旋削加工の種類

表 7-1 切削速度表 (単位 m/min)

工作物の材料	荒削り	仕上げ削り
炭素鋼 (軟鋼)	35～43	45～55
炭素鋼 (硬鋼)	30～38	35～45
鋳 鉄	20～33	30～45
銅合金	70～90	90～120
アルミ合金	80～120	120～160

(表7-1) にまとめた. ここで**荒削り**とは, 切込みが1～3 mm で送りが0.2～0.4 mm/rev, **仕上げ削り**とは, 切込みが1 mm 以下で送りが0.05～0.2 mm/revをいう. この表の切削工具は高速度鋼バイトの場合であり, 超硬バイトを用いればより高速での切削が可能になる.

例 7-1　旋盤の主軸の回転速度

旋盤で直径 40 mm の軟鋼棒を切削速度 50 m/min で仕上げ削りをする場合の，主軸の回転速度を求めよ．

解答　$n = \dfrac{1\,000v}{\pi D} = \dfrac{1\,000 \times 50}{3.14 \times 40} = 398 \text{ min}^{-1}$

（d）旋盤の操作

（1）バイトの取付け

バイトはバイトの刃先を止まりセンタの中心に合わせて取り付ける．

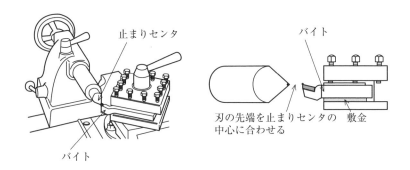

止まりセンタ

バイト

バイト

刃の先端を止まりセンタの
中心に合わせる

敷金

図 7-28　バイトの取付け

（2）センタ作業

センタ作業は，主軸の回し板と止まりセンタの間に工作物を取り付けて行う方法であり，径に対して長さのある工作物の加工に適する．

（3）チャック作業

チャック作業は，チャックに工作物を取り付けて行う方法であり，円板状で径の大きい工作物や穴の内面加工などを行うことができる．長い工作物の場合には，片側を止まりセンタで支えて振れないようにする．

② 実際の加工

（1）基本作業

三つのハンドルを動かしながら切削加工を行う．ハンドルは自動送りレバーで

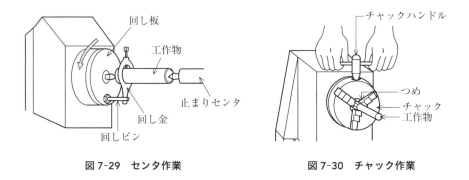

図 7-29　センタ作業　　　　　　　**図 7-30　チャック作業**

操作することもできる．

（2）テーパ削り

　テーパ削りを行うときは旋回台固定ナットをゆるめて，主軸の中心線に対して刃物台を傾ける．

（3）穴あけ

　目盛を読みながら心押しハンドルを回転させてドリルを送る．太いドリルを使用する場合には，細いドリルで下穴をあけてから作業を行う．

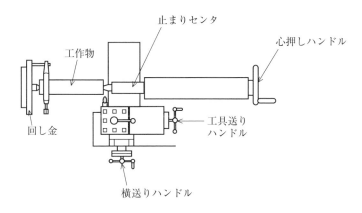

図 7-31　旋盤の基本作業

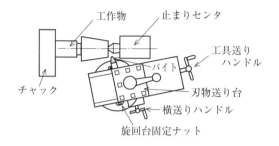

図 7-32　テーパ削り

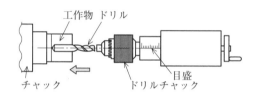

図 7-33　穴あけ

③　フライス盤

（1）フライス盤とは

　フライス盤は，フライスとよばれる刃物を回転させて切削加工を行う工作機械である．フライス盤には，フライスを取り付ける主軸が横方向にある**横フライス盤**（図 7-34 左）と縦方向にある**縦フライス盤**（図 7-34 右）がある．

　主軸には各種フライスを固定する．

　コラムには主軸の変速装置が取り付けられており，適切な回転速度を設定する．

　テーブルは工作物や万力を固定する部分であり，全体は左右に移動する．

　サドルはテーブルを保持する部分であり，前後に移動する．

　ニーはサドルを保持する部分であり上下に移動する．また，起動・停止スイッチや自動送り開始スイッチなど，各種スイッチがある．

　フライス盤作業では，回転する刃物に対して，3 軸方向にテーブル，サドル，ニーを動かすことで切削加工を行う．

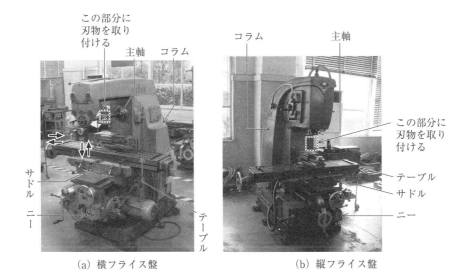

（a）横フライス盤 （b）縦フライス盤

図7-34 フライス盤

（2）フライスの種類と工作法

フライスの種類と工作法を図7-35, 図7-36に示す.

（3）フライスの切削速度

フライスの切削速度は, フライス刃先の周速度で表す. 切削速度は, 仕上げ面の状態や切削効率, バイトの寿命などに関係するため, 適切な値で作業を行う必要がある.

フライスの外径 D〔mm〕, フライス1枚あたりの回転速度 n〔min^{-1}〕, 切削速度 v〔m/min〕の間には, 次の関係がある.

$$v = \frac{\pi Dn}{1\,000} \quad \text{または} \quad n = \frac{1\,000v}{\pi D}$$

切削速度は工作物の材料や削り方によって異なる. その目安を, 切削速度表（表7-2）にまとめた. この表の切削工具は超硬バイトを用いた場合である.

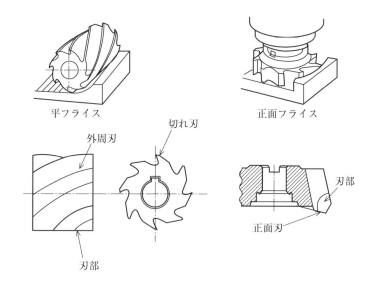

平フライス　　　　　　　　　正面フライス

図 7-35　フライスの刃部

（4）上向き削りと下向き削り

　フライス削りでは，フライスの回転方向と工作物の送りの回転方向の違いにより，上向き削りと下向き削りがある．切削力や仕上げ面，刃先の寿命などに差が生じるので，よく検討して切削の向きを決める．

（5）フライス盤の操作

　正面フライスによる六面体の切削では，すべての角度が直角になるように順序を考えながら切削を行う．

① まず 1 面の平面を出して，これを基準面にする．

② 次に 1 面を口金に固定して，2 面との間の直角を出す．
　このとき，1 面の反対側の面と口金の間には丸棒をはさむ．

③ 同様にして 1 面と 3 面との間の直角を出す．

④ 2 面と 3 面を口金に固定して，4 面を上にして平面を出す．

⑤ 1 面と 4 面を口金に固定して，5 面の垂直を出す．

⑥ 同様にして 6 面の垂直を出す．

• 縦フライス盤による加工

正面フライス

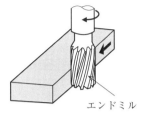

エンドミル

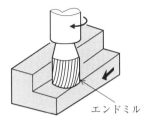

エンドミル

正面フライスによる
平面削り

エンドミルによる
端面削り

エンドミルによる
段削り

• 横フライス盤による加工

平フライス

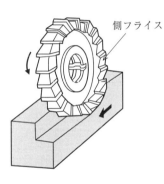

側フライス

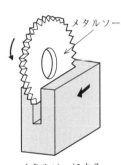

メタルソー

平フライスによる
平面削り

側フライスによる
段削り

メタルソーによる
すり削り

図7-36 フライス加工の種類

表 7-2 切削速度表 (単位 m/min)

工作物の材料	荒削り	仕上げ削り
炭素鋼 (軟鋼)	50〜75	150
炭素鋼 (硬鋼)	25	30
鋳 鉄	30〜60	75〜150
黄 銅 (軟)	240	300
アルミ合金	95〜300	300〜1 200

図 7-37　上向き削りと下向き削り

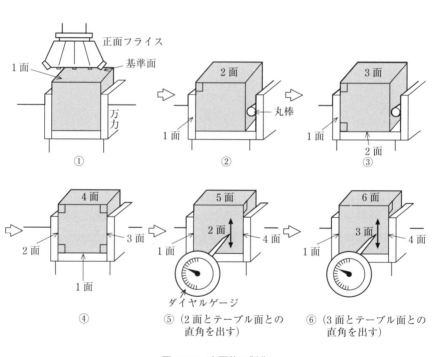

図 7-38　六面体の製作

7-3 研削加工

1 研削加工とは

　研削加工とは，砥石を高速で回転させ，工作物の表面から微細な切粉を削り取る工作法である．バイトによる切削加工と比較して，硬い材料の加工ができる，仕上げ面が良好で寸法精度がよい，切削速度が大きいなどの特長がある．

　研削砥石は，砥粒，結合材，気孔の3要素から成り立っている．その材料には溶融アルミナ（Al_2O_3），炭化ケイ素（SiC），ダイヤモンド（C）などがあり，いずれも硬さ，靭性，耐摩耗性などが求められる．

　砥石の種類と工作法には円筒研削，平面研削，内面研削があり，それぞれ異なる種類の研削盤がある．

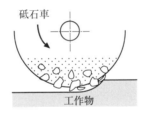

図 7-39　研削加工

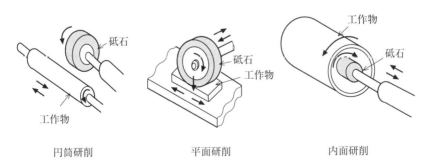

円筒研削　　　　　　　平面研削　　　　　　　内面研削

図 7-40　砥石の種類と工作法

149

2　研削盤の種類
（1）　平面研削盤

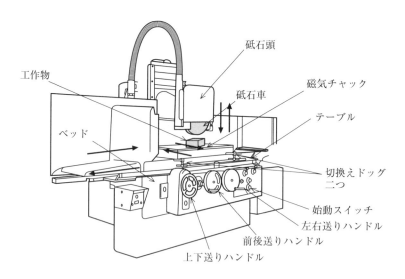

図 7-41　平面研削盤

　砥石頭は砥石車を支える部分であり，上下送りハンドルで移動する．

　テーブルは工作物を固定する部分であり，**磁気チャック**が用いられることが多い．また，テーブル全体は左右に移動する．

〈実際の加工〉

① 　テーブルの上に工作物を載せて磁気チャックを作動させる．

② 　工作物の長さに合わせてテーブルの送り距離を決めて，切換えドッグを固定する．

③ 　送り，切込み，回転速度などを決める．切込みは荒研削で 0.02～0.03 mm，仕上げ研削では 0.005 mm 程度とする．

④ 　スイッチを入れて始動させ，砥石車を工作物にわずかに接触させて，状態を観察する．

⑤　切込みを与え，テーブルを自動送りで左右に動かし，荒研削と仕上げ研削を行う．

（2）　円筒研削盤

砥石台は砥石車などを支えており，ハンドルで前後に移動する．

テーブルはベッドの上を左右に往復運動する部分であり，ある角度だけ旋回させることもできる．**工作主軸台**は，心押し台との両センタ工作物を支えて回し板によって回転を与える．

〈実際の加工〉

①　工作物をつかみ，テーブルの送り距離に合わせて切換えドッグを固定する．

②　送り，切込み，回転速度などを決める．

③　スイッチを入れて始動させ，砥石車を工作物にわずかに接触させて，状態を観察する．

④　切込みを与え，荒研削と仕上げ研削を行う．

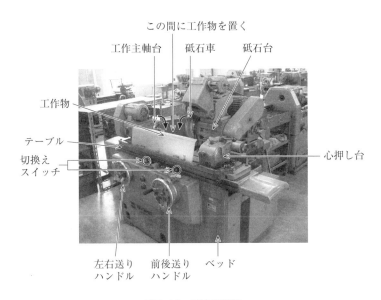

図7-42　円筒研削盤

（3）　内面研削盤

　内面研削は，穴の内面を研削するものである．研削盤の動かし方としては，回転している砥石車に対して工作物を動かす方式や砥石台を動かす方式などがある．

（4）　その他の研削加工

　ホーニングは円筒内面の精密仕上法の一種であり，砥石を取り付けたホーンとよばれる回転工具を用いて，内面研削を行った工作物の真円度や真直度およびその面粗さを向上させることができる．これは自動車のシリンダブロックの加工に用いられる．

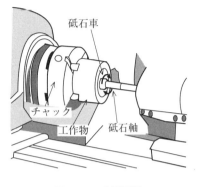

図7-43　内面研削

　超仕上げも砥石を用いた精密仕上げ法の一種である．粒度が細かい棒状の砥石を低い圧力で工作物に接触させ，微弱振動を与えながら砥石と工作物の間に相対往復運動を与えることでなめらかで精度のよい仕上げ面を得ることができる．

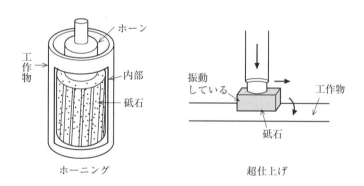

ホーニング　　　　　　　　　超仕上げ

図7-44　精密仕上げ法

7-4 溶 接

1 溶接とは

　溶接とは，材料（主に金属材料）の一部を加熱したり加圧したりして，互いを一体化して硬く結びつける工作法である．溶接による接合は，ボルトとナットによる接合より短時間で接合できることや気密性を保つことができるなどの特長がある．また，溶接は材料同士を溶かして結合する**融接**，加熱しながら加圧する**圧接**，材料の継目に溶けやすい金属を流し込む**ろう付け**などに分類できる．

2 溶接の種類

（1）　ガス溶接

　ガス溶接は，可燃性のガスに酸素を供給して添加させたときに発生する熱を利用して，部材を融接する溶接である．ガス溶接の特長として，高温の炎が得られ，その調整が容易なことや，溶接部の強度が大きいことなどがあげられる．ガスの種類としては，取り扱いやすさ，材料費などの面で酸素とアセチレンを使用したものが多く用いらいる．

　ガス溶接に必要なものは，酸素ボンベ，アセチレンガスボンベ，圧力調整器，溶接トーチ，ゴムホース，溶接棒などである．

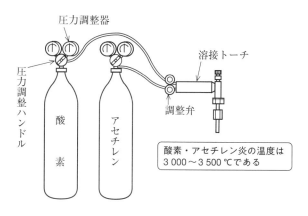

図 7-45　ガス溶接機

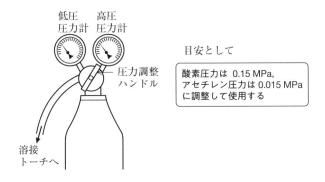

目安として

酸素圧力は 0.15 MPa,
アセチレン圧力は 0.015 MPa
に調整して使用する

図 7-46　圧力調整器

　圧力調整器には，ボンベ内の圧力を表示する高圧圧力計と溶接トーチに送る圧力を表示する低圧圧力計の二つが取り付けられており，圧力調整ハンドルを回転させて適切な圧力のガスを溶接トーチに送るようにする．圧力計には，弾性力を利用したブルドン管式のものが用いられることが多い．

　酸素とアセチレンのガスを適切な圧力でトーチから出したら，溶接用のライタを使用して点火する．圧力が適切でも，二つのガスの圧力の割合がうまく調整できないとすすが発生したり，途中で炎が消えたりする．溶接炎には中性炎，酸化炎，還元炎があり，溶接トーチの調整弁を調整して中性炎で使用する．中性炎を確認するためには，炎の元の白色になる部分を見るとよい．

　炎は目で直接見るのではなく，必ず保護めがねを着用する．

　溶接では溶接部を補強するために**溶接棒**を使用する．溶接棒は原則として母材と同じ系統のものを選ぶ．

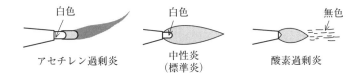

図 7-47　溶接炎

（2）溶接の技法

溶接の技能を習得することはなかなか難しいため，基本となる姿勢などを正しく理解して，繰り返し練習するとよい．溶接トーチと溶接棒の角度を図7-48に示す．

前進溶接は，溶接トーチを溶接棒の方向に進める方法である．溶接トーチを当てた部分が溶融してオレンジ色の池ができるので，そこに溶接棒を差し込むとすぐに溶ける．同じ部分を加熱し続けると板に穴があいてしまうため，溶接トーチと溶接棒を等速で移動させるのがコツである．

後進溶接は，溶接トーチを溶接棒の反対側に進める方法である．板厚が3 mm程度までは前進溶接，3 mm以上では後進溶接が適するとされている．いずれも，一度に接合しようとして材料を加熱すると，板が反ってしまうことがあるので，本溶接を開始する前に，溶接部に何点か仮付けをしておくとよい．

なお，溶けて固まった金属は円形が重なった跡になり，この一つひとつの円形部のことをビードという．上手な溶接をするためには，真っすぐにビードを置くことを心がける．

② ガス切断

ガス切断は，金属の一部に高圧の酸素を吹き付け，その部分を燃焼させる化学的な切断法である．大きい厚板の場合には，切削加工で切断するよりも効率よく

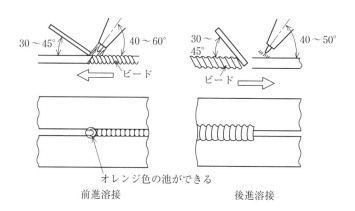

図 7-48 溶接の方法

作業ができる．また，解体作業などにも用いられる．なお，ガス切断で使用でき
る材料は鉄鋼材料に限定される．

3　アーク溶接

（1）アーク溶接

アーク溶接は，電極と母材との間に発生したアーク熱を利用して部材を融接す
る溶接である．アークは約3 000℃の熱を発生させる放電現象の一種であり，電
極間の電圧はわずか数十V程度と低いが，数百Aの大電流を流すことができる．

アーク溶接の方式には，被膜アーク溶接のように電極自身が溶ける溶極式と，
TIG溶接のように電極が溶けない非溶極式がある．

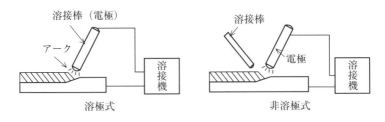

図7-49　アーク溶接の方式

（2）被膜アーク溶接

被膜アーク溶接は，被膜アーク溶接棒と母材をそれぞれ電極としたアーク溶接
である．溶接機には直流式と交流式があるが，交流式が多く用いられる．

被膜アーク溶接棒は，心線のまわりにアークの集中性をよくして安定な炎にす
る被膜剤（フラックス）を塗ったものである．

〈溶接の技法〉

被膜アーク溶接の作業では，まずアークを発生させることから始める．慣れない
うちは，火花が飛ぶだけでなかなか安定したアークを発生させることができない．
そのため，基本となる姿勢などをきちんと理解して，繰り返し練習するとよい．

適切な電流値を設定し，溶接棒を保持するホルダではさみ，電源を入れたら，
溶接棒の先端を母材に近づける．溶接棒は，母材に対して垂直の位置で，たたく

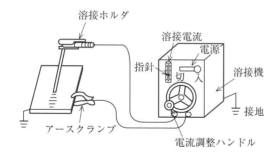

図 7-50　被膜アーク溶接機

ように上下に動かしたり，横にすべらせるようにして，アークを発生させる．アークが発生したら，溶接棒と母材は，溶接棒の直径と同じないし 2 倍くらいの位置で保持する．このとき，溶接棒がぐらぐらしないように留意する．

　連続してアークを発生させることができるようになったら，次にビードを置く練習をする．このとき溶接棒は原則として直角，進行方向に約 10° 傾けると作業がしやすい．ビードの置き方は，何種類もあるので，いろいろと練習してみるとよい．

　実際の溶接では板厚や継手の種類に応じて，適切な姿勢で溶接を行う必要がある．また，板厚のある突合せの開先部の溶接では，何層かの溶接を重ねることも多い．

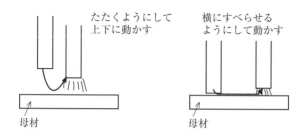

図 7-51　アークの発生方法

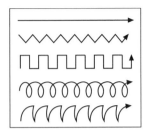

図 7-52　ビードの置き方

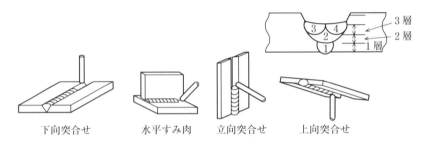

図 7-53　溶接姿勢の種類

（3）TIG 溶接

TIG（Tungsten Inert Gas）**溶接**は，溶融金属を不活性ガスでシールドして行う溶接であり，電極にはタングステンを用いる．不活性ガスは一般にアルゴンやヘリウムが用いられる．これは他のどのような物質とも反応しないため，大気中の酸素や窒素などのガスや不純物の侵入を防ぐことができ，優れた溶接ができる．

TIG 溶接を用いると，一般の被膜アーク溶接では溶接が難しいステンレスやアルミニウム，チタンなどの溶接ができる．

（4）MIG 溶接

MIG（Metal Inert Gas）**溶接**は，TIG 溶接と同じく，溶融金属を不活性ガスでシールドして溶接する方法である．TIG 溶接と異なるのは，溶接棒がワイヤ状であり，溶接トーチのノズルから供給されることである．溶接トーチを押さえる

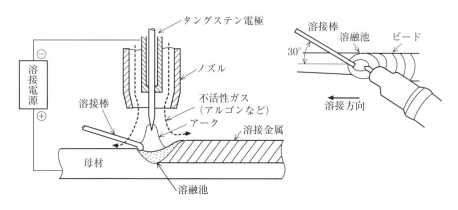

図 7-54　TIG 溶接

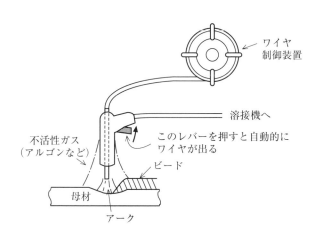

図 7-55　MIG 溶接

ことで自動的にワイヤが送られるため，これを**半自動溶接**という．

　不活性ガスにはアルゴン，ヘリウムなどが用いられており，ステンレスやアルミニウムの溶接に使用される．

（5）炭酸ガスアーク溶接

炭酸ガスアーク溶接も半自動溶接であり，コイル状にしたワイヤを溶接部に一定速度で自動供給してワイヤと母材の間にアークを発生させ，そのまわりに炭酸ガス（CO_2）を流して溶接する方法である．

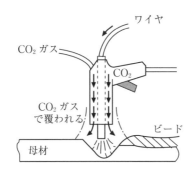

図 7-56 炭酸ガスアーク溶接

比較的薄い板の溶接では経済的に有利であり，全姿勢に適用されアークの状態の見えることが大きな特長であるが，ビードの外観があまりよくない．主に鉄鋼材料の溶接に用いられる．

④ スポット溶接

スポット溶接は，接合する板と板に圧力を加え高電流を流すことにより発生する熱で接合する．この溶接は，溶接棒が不要なこと，大電流で作業を行うため溶接時間が短いこと，溶接によるひずみの発生が少ないなどの特長がある．また，部材は点接触で溶接されるため，気密性が必要な部分の溶接には適さない．

⑤ ろう付け

ろう付けは，母材金属を溶かさずに，接合部へ母材よりも融点が低く，かつ母材になじみやすい溶融を流し込み，これを仲立ちにして接合する溶接である．

融点が 450℃以上の金属を硬ろうといい，鋼，銅，ニッケル，ステンレス鋼などの溶接ができる．一般的にはんだ付けとよばれているのは，融点が 450℃未満の金属を用いた軟ろうであり，すずや鉛合金が用いられる．

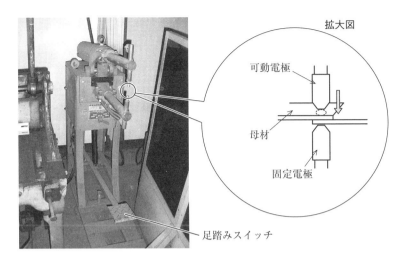

図7-57 スポット溶接

- 接合部はあらかじめ加熱しておく.
- 酸化物を除去するためフラックスを塗布する.

図7-58 ろう付け

　溶接技能者になるためには，日本溶接協会が実施している資格を取得するとよい．その資格には，アーク溶接とガス溶接の手溶接，半自動溶接，ステンレス鋼やチタンなど材質に応じたもの，銀ろう付など，さまざまな種類がある．

7-5　鋳　造

1　**鋳造とは**

　鋳造は，溶融した金属を鋳型の中に流し込み，凝固させて必要な形状の製品をつくり出す工作法である．鋳型ができれば，切削加工を行うことなく複雑な形状の製品を経済的につくり出すことができる．

　鋳造は，たとえていえば冷蔵庫で氷をつくる作業を溶けた金属で試みるようなものである．しかし，溶融した金属は流動性がよくないことや，凝固するときに大きく収縮することがあるため，精密な鋳造を行うためにはさまざまな工夫が施される．

　鋳造に用いられる金属は**鋳鉄**が多い．鋳鉄は他の鉄鋼材料より融点が低く，溶融金属の流動性がよいため細かい部分にもきちんと流れ込み，固まるときの収縮率も小さいなどの特長がある．他には，アルミニウム合金や銅合金，マグネシウム合金，亜鉛合金なども鋳造に適する．

2　**鋳造の種類**

（１）　**砂型鋳造法**

　砂型鋳造法は，砂型を用いた最も広く行われている鋳造法である．この方法はつくりたい鋳物とほぼ同じ形の模型である**木型**をつくり，これを砂に埋めた後に

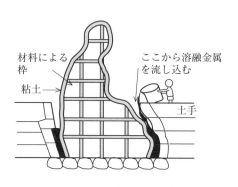

図 7-59　大仏のつくり方

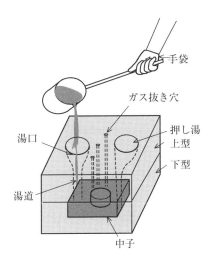

図 7-60 鋳型各部の名称

取り去ったときにできる空間に溶融金属を注入するものである．また，鋳物に中空部が必要な場合にはこれと同じ形の**中子**を鋳型の中に挿入する．

わが国では古くから青銅系の鋳物で，数多くの仏像がつくられていた．大きな大仏は木材を組んでそれと同じ枠をつくり，まわりを土手で囲んで，そのすきまに溶融金属を流し込んでつくられた．

鋳造で流れ込む溶融金属のことを**湯**，湯を流し込む部分を**湯口**という．溶融金属は凝固するときに収縮する．これを防ぐために**押し湯**をつける．また，空間の隅まで湯が流れるようにするためには，**ガス抜き穴**を取り付けるとよい．

鋳造の実際を図 7-61 に示す．

（2） シェルモールド鋳造法

シェルモールド鋳造法は，けい砂に熱硬化性の樹脂を混ぜた材料を加熱した金型にふりかけて硬化させた貝殻状の鋳型を用いる鋳造法である．この方法は，砂型鋳造より鋳肌が美しく，寸法精度のよい鋳物をつくることができる．また，模型に金型を使用するので，大量生産にも適する．

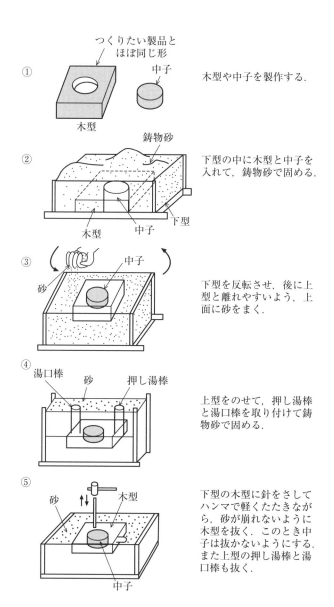

① 木型や中子を製作する.

② 下型の中に木型と中子を入れて，鋳物砂で固める.

③ 下型を反転させ，後に上型と離れやすいよう，上面に砂をまく.

④ 上型をのせて，押し湯棒と湯口棒を取り付けて鋳物砂で固める.

⑤ 下型の木型に針をさしてハンマで軽くたたきながら，砂が崩れないように木型を抜く. このとき中子は抜かないようにする. また上型の押し湯棒と湯口棒も抜く.

図 7-61　鋳造作業

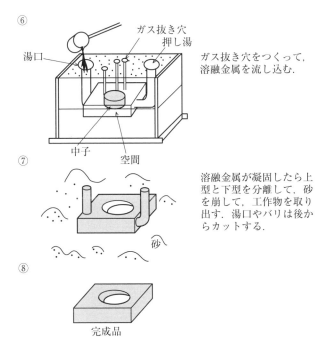

⑥

湯口　ガス抜き穴　押し湯

ガス抜き穴をつくって，
溶融金属を流し込む．

中子　空間

⑦

溶融金属が凝固したら上
型と下型を分離して，砂
を崩して，工作物を取り
出す．湯口やバリは後か
らカットする．

砂

⑧

完成品

図 7-61　鋳造作業（つづき）

（3）　ダイカスト法

　ダイカスト法は，溶融金属を精密な金型に加圧しながら注入して鋳物をつくる
鋳造法である．この方法は，寸法精度のよい鋳物をつくることができ，薄肉の鋳
物の製作にも適する．金型を使用するため，融点の高い鉄鋼材料には用いられ
ず，アルミニウム合金や亜鉛合金に多く用いられる．

（4）　ロストワックス法

　ロストワックス法（インベストメント法ともいう）は，融点の低いろうで模型
を製作し，そのまわりを耐火性の材料で包み込んだ後に，模型を溶かしてろうを
流出させて鋳物をつくる鋳造法である．この方法は，寸法精度のよい鋳物をつく
ることができ，製作個数の多少に関係なく利用できる．

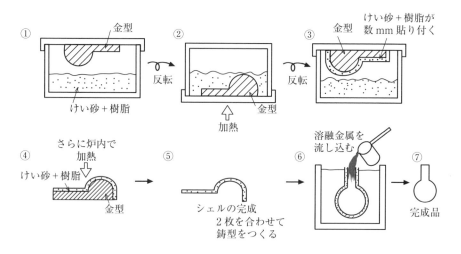

図 7-62　シェルモールド鋳造法

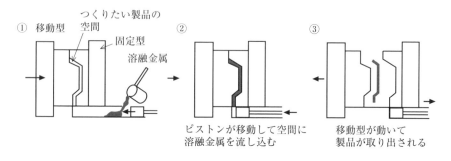

図 7-63　ダイカスト法

（5）　遠心鋳造法

　遠心鋳造法は，回転する鋳型に溶融金属を注入する鋳造法である．この方法は，遠心力の差によって不純物を分離できるため，寸法精度のよい鋳物をつくることができる．また，湯口や押し湯，中子などを使用せず，大量生産にも適する．主として，鉄鋼管やピストンリングなど，円筒形状の製品の製造に用いられる．

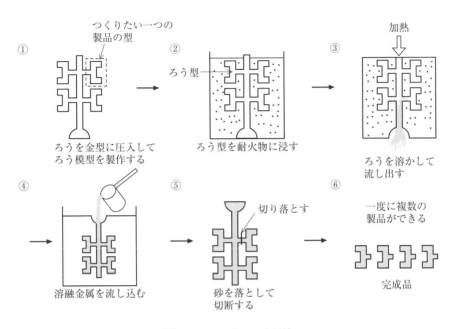

つくりたい一つの
製品の型

① ろうを金型に圧入して
ろう模型を製作する

② ろう型
ろう型を耐火物に浸す

③ 加熱
ろうを溶かして
流し出す

④ 溶融金属を流し込む

⑤ 切り落とす
砂を落として
切断する

⑥ 一度に複数の
製品ができる
完成品

図 7-64　ロストワックス法

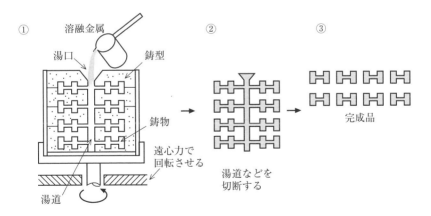

① 溶融金属
湯口
鋳型
鋳物
遠心力で
回転させる
湯道

② 湯道などを
切断する

③ 完成品

図 7-65　遠心鋳造法

7-6　塑性加工

① 塑性加工とは

塑性とは，材料に加えた外力を取り去っても変形が残る性質をいう．これに対して外力を取り去ったときに変形が元に戻る性質を**弾性**という．機械の強度設計の場合には，各部分に弾性範囲以上の力が加わらないようにした．逆に材料を加工する場合には，塑性範囲の力を加えなければならない．これを**塑性加工**といい，切削加工のように切りくずを出すことがない経済的な工作法である．

金属材料は一般に常温で外力を加えて変形させると，加工にともない，硬くて，もろくなる．これを**加工硬化**という．加工硬化を取り除くためには，金属をある温度まで加熱して，その結晶の集まりを新しくする必要がある．この温度を**再結晶**といい，再結晶温度は材料によって異なる．

再結晶以下の温度で行う加工を**冷間加工**といい，変形には大きな外力を必要とするが，寸法精度がよく，硬化した強い材料にできる．これに対して，再結晶以上の温度で行う加工を**熱間加工**といい，変形が容易で比較的小さな外力で大きく変形させることができる．また，粗大な結晶粒を微細化して，金属材料の性質を改善することもできる．

② 塑性加工の種類

- 鍛造：高温状態の金属をたたいたり圧縮したりして成形する工作法．
- プレス加工：型を用いて，金属を切断したり，曲げたり，圧縮したりして成形する工作法．
- 圧延加工：回転する二つのロールの間に金属を挿入して，板材や棒材を成形する工作法．
- 押出加工：型や穴のすきまから金属を押し出して，棒材や管を成形する工作法．
- 引抜加工：型や穴のすきまから金属を引き抜いて，材料の径を小さくする工作法．
- 転造：材料を回転させながら型に押し付けて，ねじや歯車をつくる工作法．

（1）　鍛　造

鍛造は，金属を再結晶温度以上に加熱して柔らかくしてから，衝撃的な外力を

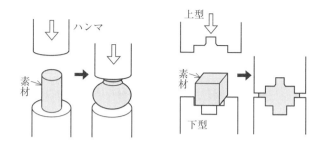

図7-66 自由鍛造（左）と型鍛造（右）

加えて，所望の形状に成形するとともに，均一な繊維状組織にして粘り強い製品をつくる工作法である．

鍛造には，平面的な工具の間に素材をはさんで圧縮して変形させる**自由鍛造**と，加工したい形状をもたせた上下の金型の間に素材をはさんで圧縮して変形させる**型鍛造**がある．型鍛造は，素材を均一に鍛造でき，大量生産に適する．

また，鍛造は切削加工や鋳造と比較して，加圧成形されるため，材料の結晶粒を密にでき，変形によって生じた材料の流れによって機械的な性質が強化できる．

図7-67 工作法による結晶粒の比較

鍛造の基本は人間が手でハンマをもって行う**手打ち鍛造**であり，わが国では日本刀の製作など，古来から行われてきた．より大きな力を加える**鍛造用ハンマ**として，重いおもりをある高さまで引き上げて落下させて衝撃力を加える**ドロップハンマ**や蒸気の力を利用した**蒸気ハンマ**，圧縮空気の力を利用した**空気ハンマ**，

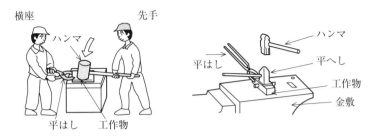

図7-68　手打ち鍛造

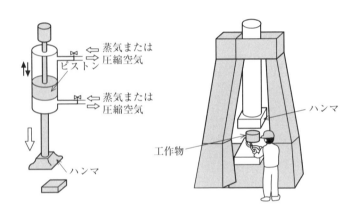

図7-69　蒸気ハンマによる鍛造

ばねを利用したばねハンマなどがある.

（2）　プレス加工

　プレス加工は，ハンマのように衝撃力で変形させるのではなく，静的な圧縮力を加えて，型工具により板金に引張りや圧縮，せん断，曲げなどの応力状態を起こさせ，所望の形状に成形する工作法である．この加工は，正確な寸法形状の製品を大量生産できるため，自動車や航空機のボディや家電製品などに広く採用されている．しかし，設備にコストがかかり，騒音・振動が発生するなどの問題点もある.

　プレス加工には，機械プレスや油圧プレスが用いられる．いずれも回転運動を直線運動に変換して圧縮力を取り出すものであり，クランク機構によるクランクプレス，カム機構によるカムプレス，ねじ機構によるねじプレスなど，さまざまなメカニズムのものがある．

　プレス加工の種類には，板金を所望の形状に切断するせん断加工や，板金を曲げて所望の形状に変形させる曲げ加工，板金から継目のない底付き容器を成形する深絞り加工などがある．

　せん断加工の主要工具はポンチとダイスであり，二つの刃先の間に工作物をはさんで，切断する．打ち抜かれた平板はブランクとよばれる．

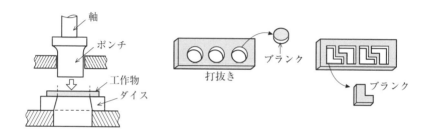

図 7-70　せん断加工

　曲げ加工もポンチとダイスで加工が行われ，ポンチには V 形や L 形，U 形など，さまざまな種類がある．

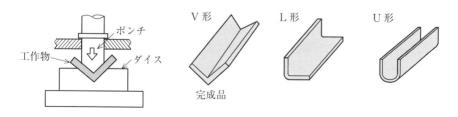

図 7-71　曲げ加工

　深絞り加工もポンチとダイスで加工が行われ，飲料缶から自動車・航空機の部品まで，幅広い用途がある.

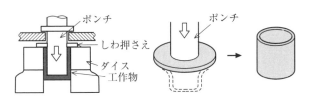

図7-72　深絞り加工

　また，へら絞りともよばれているスピニング加工もプレス加工の一種であり，フライパンからロケットの先端部まで，幅広い用途がある.

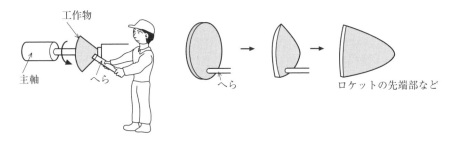

図7-73　スピニング加工

（3）　圧延加工

　圧延加工は回転するロールの間に金属材料を通して，断面積や板厚を減少させる工作法であり，成形と同時に材料内部の気泡を押しつぶして，均質で優れた性質を与えることができる．**圧延機**は2段圧延機が簡単な構造であり，多く用いられている．その他，往復して交互に圧延できる3段圧延機や2本のロールをより径の大きなロールで支持した4段圧延機などもある.

　製鉄所などで作動している大型の圧延機は時速100 km以上で作動するものも

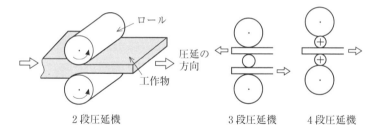

図 7-74　圧延機

ある.

　また，穴型ロールの形状を工夫することで，板材圧延だけでなく，さまざまな断面の形材や線材などの圧延ができる．穴型ロールによる加工の多くは，1回で圧延を終えるのではなく，多数の圧延機を通すことで少しずつ断面を成形する.

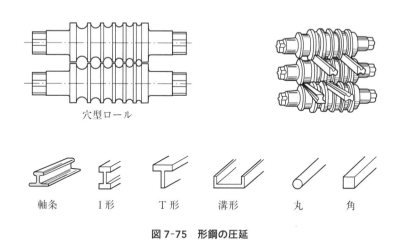

図 7-75　形鋼の圧延

（4）押出加工

　押出加工は，コンテナとよばれる容器に工作物を挿入して，ダイスの穴やすきまから押し出す工作法であり，ラムとよばれる加圧軸の運動方向と同じ方向に押

し出す**前方押出加工**と，逆方向に押し出す**後方押出加工**がある．また，マンドレルを用いることで棒材や線材だけでなく，管の押出加工も可能になる．なお，大部分の押出加工は熱間加工で行われる．

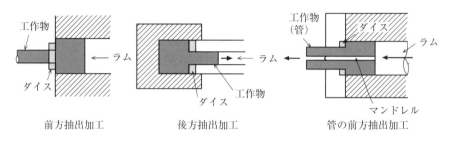

前方抽出加工　　　　　後方抽出加工　　　　　管の前方抽出加工

図 7-76　押出加工

（5）　引抜加工

　引抜加工は，ダイスを通して工作物を引っ張り，ダイスの穴の形状と同じ断面の棒や管，および線材をつくる工作法である．引き抜かれる工作物はダイスから受ける圧縮力により，単に軸方向へ引っ張られるよりもよく伸びる．なお，大部分の引抜加工は冷間加工で行われる．

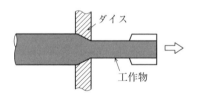

図 7-77　引抜加工

（6）　転　造

　転造は，材料を回転させながら型に押し付けて，ねじや歯車をつくる工作法である．

　ねじの転造には，平ダイスや丸ダイスがあり，小ねじやボルトなどの大量生産に用いられている．毎分数百本のねじを製造できる高速の転造機械もある．転造

でつくられたねじは塑性変形によるため，切削ねじより引張強さや疲労限度が大きい．なお，転造を行うねじの頭部は，**ダブルヘッダ加工**でつくられる．

　歯車の転造は，転造工具と工作物を回転運動させ，工作物の外周に塑性変形を与えながら行われ，モジュールや歯幅の小さな歯車の大量生産に適する．

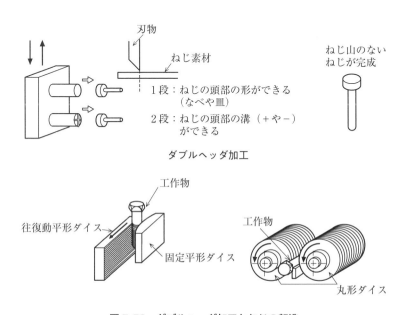

図7-78　**ダブルヘッダ加工とねじの転造**

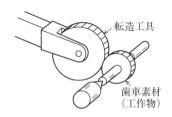

図7-79　**歯車の転造**

7-7　表面処理

① 表面処理とは

　表面処理とは，材料の表面を加工して，硬さや耐摩耗性，耐食性，潤滑性などを与えたり，美観を向上させるために行う処理である．

② 表面処理の種類

（a）めっき処理

　めっきは材料の表面に他の金属を用いて皮膜をつくる処理のことである．めっきの種類には**電気めっき**，**溶融めっき**，**化学めっき**などがある．

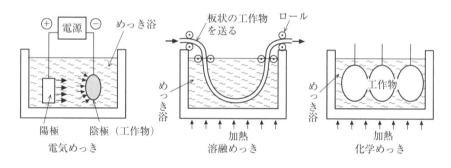

図7-80　めっき処理

（1）電気めっき

　電気めっきは金属イオンを含んだ溶液を電解析出させる処理であり，亜鉛めっきやすずめっき，クロムめっきなどの種類がある

　亜鉛めっきは，鋼板や線材などに耐食性を与えるために施される処理である．安価であるが大気と接触を続けると白色の粉末を生じるため，これを防止するために，クロム酸を主成分とする溶液に浸して耐食性や光沢を向上させる**クロメート処理**が施される．

　すずめっきは，白色の光沢があり，酸に対して腐食せず，他の金属に比べて毒

性も少ないため，食器や台所用品，装飾品などに多く用いられている．また，電気部品のはんだ付けに用いられるのは，鉛とすずの合金めっきである．

クロムめっきは，自動車部品や家電製品などの装飾用に施されるものと，工具や測定器などの硬さや耐摩耗性の向上のために施されるものがある．

（2）溶融めっき

溶融めっきは，比較的融点の低い金属を溶融させた槽の中に工作物を浸して皮膜を形成させる処理である．電気めっきより短時間に皮膜を形成でき，主に鉄鋼材料に対して施される．溶融亜鉛めっきの代表は，鋼板に亜鉛めっきをしたトタン，鋼板にすずめっきをしたブリキである．トタンは屋根板用波板やドラム缶，バケツなどに，ブリキは食品用の缶や装飾用に用いられる．

（3）化学めっき

化学めっきは，酸化・還元反応を利用して金属塩水溶液中の金属イオンを他の金属の表面に析出させる処理である．電気めっきと比較して，厚さのむらがない皮膜がつくれることや，電気めっきが困難なパイプの内側などのめっきも可能であることなどの特長がある．化学ニッケルめっきや化学クロムめっきは，鉄鋼材料に耐食性をもたせるために施される．

（b）化成処理

化成処理は，金属の表面に皮膜をつくるための化学的な処理を施すことである．化成処理の多くは表面の着色を目的として行われる．

黒染めは，染料を使用して塗装するのではなく，か性ソーダなどを用いて鉄鋼材料の表面を酸化させて，緻密な黒さびをつくるものである．この皮膜は材料を黒色にするとともに耐食性も向上させる．

アルミニウムは空気中で容易に酸化して酸化皮膜を作成し，腐食の進行を防止する．アルミニウムの陽極酸化処理はアルマイトともよばれ，これを人工的に施したものであり，耐食性や耐摩耗性などを向上させることができる．

陽極酸化処理でつくられた孔の中に染料を浸透させることで酸化皮膜がとれない限り剥げないカラー化ができる．これはアルミニウムだけでなく，チタンでも可能であり注目されている．

（ｃ）　真空蒸着法

　真空蒸着法は，真空中で金属を加熱して蒸発させ，素材に皮膜を蒸着させる処理であり，金属以外の材料であるプラスチックやセラミックスなどにも薄い皮膜をつくることができる．物理的蒸着である PVD（Physical Vapor Deposition）と化学的蒸着である CVD（Chemical Vapor Deposition）がある．

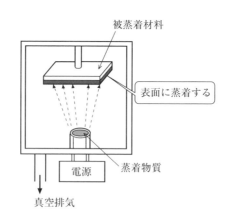

図 7-81　真空蒸着法（PVD）の原理

　PVD は蒸発させたい金属を加熱して気化するため真空近くまで減圧させる．気化した金属は処理物表面に吸着されると冷却されて表面で固化する．たとえば CD や DVD はポリカーボネイトにアルミニウムを蒸着してつくられる．

　CVD は素材となる反応物質を気化させ，これを反応ガスと混合して反応室内に充填させ，熱平衡反応によって処理物表面に皮膜を形成する．

第8章 デジタル工作機械学

8-1 デジタル工作機械の広がり

　町工場には1980年代ごろからマシニングセンタやNC旋盤が導入され，加工速度が向上したことに加えて，1990年代に入るとコンピュータの価格が下がり，工場内にCAD/CAMシステムが積極的に導入された．ここでCAD（Computer Aided Design）とはコンピュータ支援による自動設計，CAM（Computer Aided manufacturing）とはコンピュータ支援による自動生産のことをいう．近年，自動設計ができるCADが三次元データを扱えるようになってきたため，コンピュータ画面上でのシミュレーションなど，CADとCAMは密接に結びつくようになってきた．

　これらの設備投資によって町工場では製品の大量生産も可能になり，納期も短縮できるようになった．しかし，折しもこの不況下，いくら設備を整えても注文が大幅に減少する工場は増えてしまった．従来，個人が少量の機械部品を町工場に発注することはほとんどなかったが，2000年以降，町工場の方々がインターネットのウェブサイトを開設して積極的に情報発信を行い，少量の部品加工を受注することが増えてきた．これがいわゆる町工場のIT革命である．

　マシニングセンタやNC旋盤などを自由に使いこなせるようになるためには，長い年月（約10年とよくいわれる）がかかる．そのため，町工場などでそれを専門にする職人以外の人間がそれを習得することは難しい．しかし，個人が町工場に機械部品を発注できるような環境が整ってくると，直接NC工作機械を扱うことがなくても，機械設計に携わる人間はNC工作機械でどのような加工ができるかを把握しておくことは有意義なことであろう．なぜなら，それらの機械でどのような加工ができるのかを知っていなければ部品の発注ができないからである．

　これまで，NC工作機械などデジタルデータを用いたものづくりは，町工場をはじめとする製造業の現場では広く用いられてきたものの，個人のものづくりに

用いられることは多くなかった．インターネットの普及により，一部の町工場が大量生産ではなく，個人のものづくりに対応する加工への対応をはじめたところも増えてきた．それだけでも町工場の IT 革命と呼ばれる画期的な出来事であったが，近年はものづくりの素人でも比較的容易にデジタルデータの作成ができるようになり，また個人向けの比較的安価な工作機械も普及してきた．近年，それらを総称してパーソナル・ファブリケーションとよぶことも多く，個人のものづくりが活発になっている．

　近年，日本国内でも鎌倉や北加賀屋，仙台，関内，浜松など，各地に増えつつあるファブラボとよばれる世界的なネットワークで繋がっている市民工房には，さまざまなデジタル工作機械が設置されている．ここではファブラボの標準機材としても近年注目されているレーザ加工機と 3D プリンタについても紹介する．

　本章では第 7 章を踏まえ，数値制御を取り入れたデジタル工作機械を紹介する．町工場やファブラボに足を運んで加工の実際を見て回ると，より理解が深まるはずである．

8-2　工場のデジタル工作機械

　旋盤，フライス盤，ボール盤はもの創りの基礎，基本となる工作機械である．これらはマザーマシンともよばれており，まさに「機械をつくる機械」といえる．これらの工作機械にさせたい動きをあらかじめコンピュータにプログラムしておき，その順序に従って材料を加工させる工作機械を数値制御工作機械（NC 工作機械）という．数値制御は Numerical Control のことであり，NC と略すことも多い．NC 工作機械は，1950 年前後にアメリカのマサチューセッツ工科大学（MIT）で完成した．わが国では 1955 年ごろ東京工業大学で NC 旋盤が製作され，その後，急速に広まることになった．

　NC 加工のメリットは，人間が手動で操作する汎用工作機械による加工よりも複雑な形状の部品加工を精度よく量産できることである．代表的な NC 工作機械は，板材などの箱物加工を行うマシニングセンタ（MC），棒材などの丸物加工を行う NC 旋盤である．

工作物を
ここに置く

刃物　パレット

ツールホルダ

操作パネル

テーブル

（a）縦　型

① マシニングセンタ（MC）

（1）マシニングセンタの種類

マシニングセンタには主軸が垂直方向に取り付けられ上下する縦型マシニングセンタや，主軸が水平方向に取り付けられている横型マシニングセンタなどがある．フライス盤と異なるのは，ツールホルダという切削工具の収納場所から自動的に工具を交換できることである．

（2）マシニングセンタの構成と情報の流れ

マシニングセンタの情報の流れを図8・2に示す．

（b）横　型

（3）マシニングセンタによる加工

マシニングセンタによる加工の種類は，汎用のフライス盤に準ずるものが多い．切削工具の軸方向の動きはＺ軸で表すことが多く，プログラムで命令を与えるときには，特に注意する必要がある．

マシニングセンタが汎用のフライス盤より優れている点の一つに，さまざまな

181

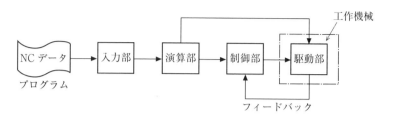

図 8-2　マシニングセンタの情報の流れ

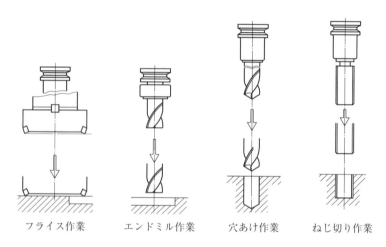

フライス作業　　エンドミル作業　　穴あけ作業　　ねじ切り作業

図 8-3　マシニングセンタによる加工

切削工具を自由に交換できることがあげられる．これを ATC（Automatic Tool Changer：**自動工具交換装置**）という．これにより，工作物を工作機械のテーブルに取り付けて，スイッチを入れると，プログラムで決められた順序で次々と切削工具が交換されながら，工作が進められる．

　切削工具を収納している部分を**ツールホルダ**といい，通常のマシニングセンタでは，約20～30本の工具を保有できる．ツールホルダに切削工具を取り付けるためには，そのままでなくさまざまな形状をしたアダプタを使用することが多い．

　また，テーブル上にある工作物を自動的に交換する装置もあり，これを APC（Automatic Palette Changer：自動パレット交換装置）という．これにより，工作物を交換する時間などを大幅に削減できる．

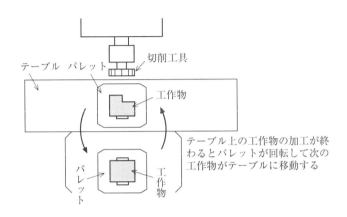

図 8-4　ATC

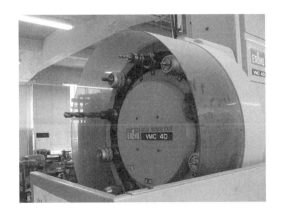

図 8-5　ツールホルダ

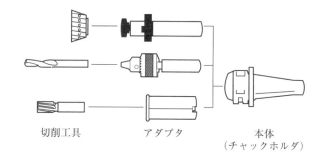

切削工具　　　　　　アダプタ　　　　　　　本体
　　　　　　　　　　　　　　　　　　　（チャックホルダ）

図 8-6　切削工具の取付け

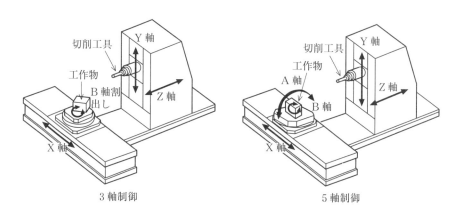

3 軸制御　　　　　　　　　　　　　　　　　5 軸制御

図 8-7　MC の制御軸

　1 台の工作機械ならば，一つのテーブル上で工作をしているときに，もう一つのテーブル上で次の工作物を固定しておくことができる．この考え方で工作機械を複数並べると，自動工場が可能になる．これを **FMS**（Flexible Manufacturing System．略称 **フレキシブル**）といい，各種 NC 工作機械にアームロボットや搬送ロボットなどを組み合わせて，生産ラインを構築したものをいう．これとほぼ同義もしくはより広い意味で使われる用語に **FA**（Factory Automation：**ファクトリーオートメーション**）がある．

（4）マシニングセンタの制御軸

　マシニングセンタの制御軸は，汎用のフライス盤のように X 軸，Y 軸，Z 軸だけでなく，他の軸を備えているものもある．**同時 3 軸制御のマシニングセンタ**とは，工作物を保持しているテーブルが回転する割出し機能をもっており，工作物を保持したままで複数の角度から加工することができる．**同時 5 軸制御**のマシニングセンタは，工作物を保持しているテーブルが回転するとともに，傾斜させることができる．また，切削工具を保持している軸が回転や傾斜するものもある．これらの軸は，X 軸，Y 軸，Z 軸に対して，A 軸，B 軸，C 軸などとよばれており，ポンプのタービンや船舶のスクリューなど，複雑な三次元形状の切削に適している．また，三次元形状の加工には，先端が球状になった**ボールエンドミル**がおもに使用される．

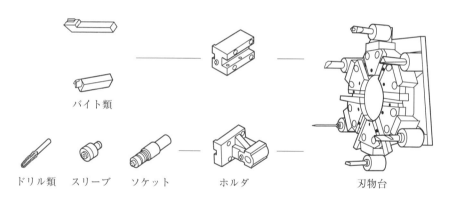

バイト類

ドリル類　　スリーブ　　ソケット　　　ホルダ　　　　　　　刃物台

図 8-8　ツールホルダと切削工具の取付け

　マシニングセンタの刃物の動きのシミュレーションは CAM とよばれるソフトウェア上において，**ツールパス**という形で事前に検討しておくことができる．刃物がどのように動いて，加工を進めていくのかを確認できれば，設計変更があったときなどにも短時間で対応ができる．

2 NC 旋盤

NC 旋盤には，汎用旋盤と同じく主軸に対して水平に刃物台がある水平型や，主軸に対して垂直に刃物台がある垂直型，刃物台が取り付けられているサドルが30～45°傾斜している傾斜型などがある．

NC 旋盤でも大量生産を行うときに刃物の交換を手動で行うと作業効率が悪い．そこで**タレット**とよばれる回転装置に複数の切削工具を取り付けて，これを回転させることで異なる切削工具による加工を連続して行うことができる．

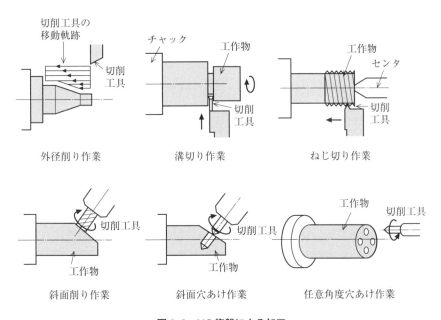

図 8-9　NC 旋盤による加工

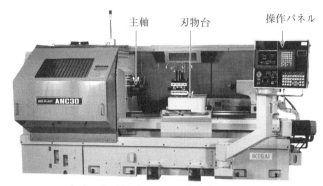

（a） 水平型（ACN30：株式会社池貝製）

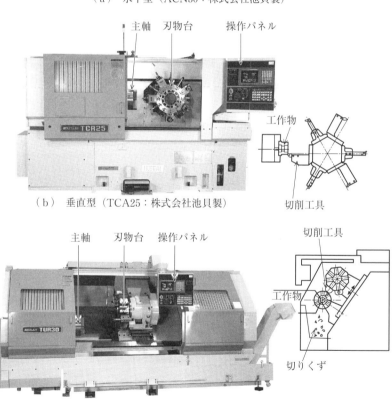

（b） 垂直型（TCA25：株式会社池貝製）

（c） 傾斜型（TUR30：株式会社池貝製）

図 8-10　NC 旋盤（写真提供：株式会社池貝）

③　NC のプログラミング

　NC のプログラミングは，X, Y, Z の 3 軸で座標系を指示するのが基本である．指令できる最小の単位は 0.001 mm 単位の NC 装置が多い．これを最小設定単位という．

　原点 (X, Y, Z) = (0, 0, 0) に対しての絶対座標で位置を示すものを**アブソリュート指令**，現在位置からの増分を示すものを**インクリメンタル指令**という．実際の加工では両者を併用し，その時点の加工に都合のよいほうを用いる．たとえば，深さの指令は + が空中，− が削り込んでいることを表すためにアブソリュート指令で行うとよい．

　NC のプログラミングには，JIS にも規定されている G 機能や M 機能が用いられている．ここではプログラムの概要がわかるように，いくつかの命令を用いたプログラムの例を紹介する．

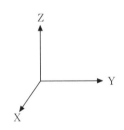

図 8-11　座標系

（1）　**早送り位置決め**（G00）

　機械ごとに決められている早送り速度により，指令された位置へ正確に位置決めする命令である．切削を行っていないときの切削工具の移動などに使用される．

　プログラム形式　G 00　X 数値　Y 数値　Z 数値

（2）　**直線補間**（G 01）

　直線的に切削を行うときに用いるものであり，F で指定された送り速度で切削工具が送られる．

　プログラム形式　G 01　X 数値　Y 数値　Z 数値　F 数値〔mm/min〕

（3） 円弧補間

時計回り（G 02）　　反時計回り（G 03）

円弧の切削を行うために用いられる．半径 R は＋が 180° 以下，－が 180° 以上の円を表す．

　プログラム形式　　G 02　X 数値　Y 数値　R±数値　F 数値

　　　　　　　　　　G 03　Y 数値　Z 数値　R±数値　F 数値

（4）　平面指定（省略可能）

　G 17　XY 平面指定　　　G 18　ZX 平面指定　　　G 19　YZ 平面指定

（5）　アブソリュート指令

　G 90　X 数値　Y 数値　Z 数値：絶対座標

（6）　インクリメンタル指令

　G 91　X 数値　Y 数値　Z 数値：相対座標

（7）　プログラムストップ

　M 00

例 8-1　NC のプログラミング（1）

次の動きのプログラムを作成せよ．

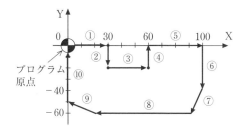

解答

① G 90　X 30.0

② 　　　Y－20.0

③ G 91　X 30.0

④ G 90　Y 0

⑤ 　　　X 100.0

⑥ 　　　Y－40.0

⑦ 　　　Y－60.0　G 91　X－10.0
　…直線補間

⑧ 　　　X－70.0

⑨ G 90　X0　Y－50.0…直線補間

⑩ 　　　Y 0

例 8-2　NC のプログラミング（2）

次の動きのプログラムを作成せよ.

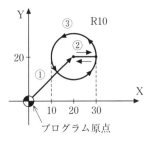

プログラム原点

解答　アブソリュート指令
① 　G 90　G 00　X 20.0　Y 20.0
② 　G 01　X 30.0　F 40…F 40, F 30 は工具の
　　　　　　　　　　　　　　送り速度
③ 　G 03　I - 10.0　F 30…円弧補間
④ 　G 01　X 20.0
インクリメンタル指令
① 　G 90　G 00　X 20.0　Y 20.0
② 　G 91　G 01　X 10.0　F 40
③ 　G 03　I - 10.0　F 30…円弧補間
④ 　G 01　X - 10.0

　実際の加工では縦型マシニングセンタの場合, X 座標と Y 座標だけでなく, 切削を行う Z 座標の上下で切削工具が工作物に接触することになる.

　深さを指示する命令は切削工具の先端が工作物に接触する点を基準として, ＋が空中, −が削り込んでいることを表すようにアブソリュート指令で行う.

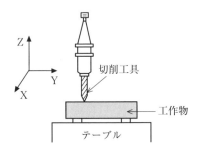

図 8-12　縦型マシニングセンタによる加工

例 8-3　NC のプログラミング（3）

アブソリュート指令で A～F の座標値を求めて，次の動きのプログラムを作成せよ．

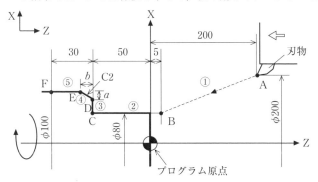

解答　アブソリュート方式で A～F の座標値を求める．

A.　$x = 200.0$　$z = 200.0$

B.　$x = 80.0$　　$z = 5.0$

C.　$x = 80.0$　　$z = -50.0$

D.　面取り指定が C 2 であるから，a の寸法は 2 mm となるので，x 座標は，$\phi 100.0$ $-2 \times 2 = \phi 96.0$ mm

よって，$x = 96.0$, $z = -50$

E.　$b = 2$ mm より

　　z 座標は，$-50.0 - 2.0 = -52.0$ mm

　　よって，$x = 100.0$, $z = -52.0$

F.　$x = 100.0$　$z = -80.0$

以上をもとにして，各点をアブソリュート指令する．

ただし，工具の送り速度を F 0.2 とする．

①　G 00　　　X 80.0　　Z 5.0

②　G 01　　　　　　　　Z -50.0　　F 0.2

③　　　　　　X 96.0

④　　　　　　X 100.0　　Z -52.0　　F 0.2

⑤　　　　　　　　　　　Z -80.0

4 工場見学

（1）　小池製作所

　この工場では，三次元の CAD/CAM システムによる機械加工を行っている．このシステムの導入により，より高度な加工が短時間で実現可能になったという．主力の機械はマシニングセンタと NC フライスである．特にアルミニウム合金の小物切削部品加工を得意としており，個人の注文部品も1個から製作をしてもらえる．

　もちろん，そこでは長年の現場の「知」を生かして，加工材料に最適なツールや加工条件の最適化を図った加工が行われている．また，与えられた図面情報のみで作業を行うのではなく，部品仕様用途に合った形で VE（バリューエンジニアリング）にも積極的に取り組んでいる．

・小池製作所　http://www.koike-ss.com/
　〒371-0124　群馬県前橋市勝沢町 103-2

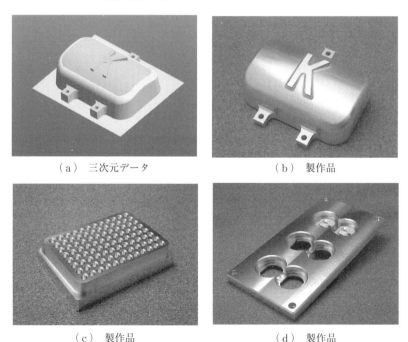

（a）　三次元データ　　　　　　　　（b）　製作品

（c）　製作品　　　　　　　　（d）　製作品

図 8-13　加工例

（2）　佐藤製作所

　この工場では，金属，非金属の精密部品，特殊部品，ねじ類の製造を $\phi 2 \sim \phi 25$ の丸棒から切削加工して，部品の製作を行っている．主要な機械は，NC自動旋盤，カム式自動旋盤，卓上旋盤，二次加工機として，縦型フライス盤，卓上ボール盤，ねじ切り転造盤，自動タッピング機などである．**二次加工とは**，すでに穴あけなど，ある加工が終わった部品に別の加工を施すことをいう．

　切削工具には，使い捨てのスローアウェイバイトは使わず，超硬のろう付けバイトなどを手で研いで使用している．こちらのほうが，精度も出せるし，刃も長もちするという．機械が自動に動いても，工作物と切削工具が接触する部分には職人技が隠されているのである．

　カム式自動旋盤とは，カムを選択して組み合わせることで切削工具を送るものである．NC加工全盛の時代の中でも，こちらのほうがプログラムを組んで加工するより，迅速に短期間で加工ができることも多いという．

　工作物は，企業向けから個人向けまで，あらゆるニーズに沿った優れた製品をつくるように，試作1個から対応してもらえる．個人からの注文品としては，これまでに自動車，バイクのパーツから，ロボット部品，万華鏡などを製作している．

　・佐藤製作所　http://www.satoss.co.jp/
　〒224-0054　横浜市都筑区佐江戸町677-2

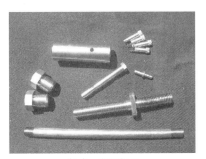

　　（a）　ステンレス製品　　　　　（b）　真鍮製品

図8-14　加工例

（3）　斉藤製作所

　この工場では，CNC 複合旋盤による鉄，鋼，ステンレス鋼，アルミニウム，真鍮，樹脂などの各種精密部品の製造と加工を行っている．製品は，おもに直径 16 mm（φ16）から直径 200 mm（φ200）の素材からの切削加工である．現在は 6 台の CNC 旋盤などを用いて，試作小ロット（5 個）から量産品（月 3 000 個程度）まで幅広く対応している．

　新しい分野への取組みも積極的に行っており，最近では自動車部品，油圧部品のほかに，医療機器部品，食品機器部品，装飾品など，あらゆる産業分野の部品加工を行っている．また，注文は企業だけでなく個人にも対応しており，見積りは 1～2 日で，製品は 5 個から製作している．個人の注文の多くは，車やバイクの装飾部品やロボット部品など趣味のものが多いという．

　・斉藤製作所　http://www.senbankakou.com/
　　〒 230-0001　横浜市鶴見区矢向 1-10-6

（a）　加工のようす　　　　　　（b）　製　品

図 8-15　加工例

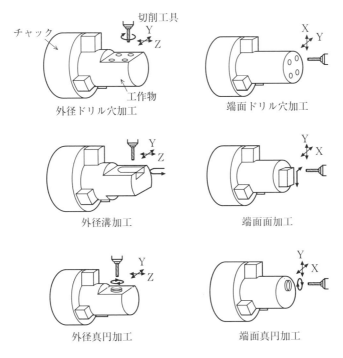

外径ドリル穴加工 　　　　端面ドリル穴加工

外径溝加工 　　　　端面面加工

外径真円加工 　　　　端面真円加工

図 8-16　ミーリング加工のいろいろ

　ここでは CNC 複合旋盤のミーリング加工を紹介する．一般の旋盤は工作物を回転させて切削工具を動かすのであるが，ミーリング加工では，反対に切削工具を回転させて加工を行う．これにより，チャックでつかんだ工作物の端面や側面に穴をあけたり，外形の溝加工や四角，六角，楕円など指定して形状の切欠き加工ができる．工作物を取り外して他の機械で加工するという手間が省けるため加工効率も上がる．もちろん，コンピュータ制御により正確な位置や角度を出すことができる．

（4）　中井精密

　この工場では，創業以来 60 数年の切削加工技術の蓄積を生かし，時代のニーズに合ったさまざまな加工部品を多品種少量生産で提供している．主要な機械は，CNC 複合加工自動旋盤などであり，φ20 以下の小径精密部品を専門に加工

している．形状が複雑なワークを可能な限り二次加工なし（ワンチャック）で加工することで，部品 1 個に対する加工時間の低減，ひいては製造コストの低減を図っている．もちろん従来の NC 旋盤も併用し，ベストな加工が進められるようにワーク形状で機械を選定している．

　主な営業品目は，特殊ミニチュアベアリング部品，流体回転継手部品，光通信機器部品，輸送機器関連部品，医療機器関連部品などである．加工材料はステンレス鋼，アルミニウム合金，黄銅，鋼，樹脂などである．

　・中井精密　http://www.nakaiseimitsu.co.jp/
　〒 143-0023　東京都大田区山王 3-6-2

（a）継手部品

（b）真　鍮

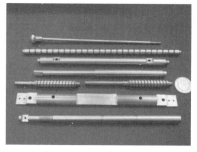

（c）ベアリング向けシャフト

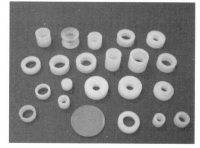

（d）ベアリング向け樹脂加工品

図 8-17　加工例

8-3 ファブラボのデジタル工作機械

① レーザ加工機

レーザ加工機はレーザ光を利用して材料を切断したり，材料に彫刻を行うデジタル工作機械である．切削工具による加工のように工具の摩耗や劣化がなく，切削加工よりも加工時間が早いことも多いため，ほとんどのファブラボに標準機材として設置されている．使用できる材料の種類は，アクリル，MDF，木材，紙，布などであり，たとえば厚さ 5 mm の MDF 板を切断するためには少なくとも 25 W 以上の発振管をもつレーザ加工機が必要となる．なお，レーザ加工時に発生するガスや煙，粉塵を浄化するため，集塵脱臭装置が必要となり，換気のよい場所で作業を行う．

レーザ加工に必要なデータは 2 次元図面であるため，2D CAD で作成するか，3D CAD で作成したデータを 2D に変換して，DXF 形式や SVG 形式に保存する．レーザ加工機に対応したソフトウエアでは，この 2D データを読み込み，切断線と彫刻線をカラーで区別させて，材料の種類や厚さに対応したレーザのパワーや移動速度などを設定し，レーザと材料の焦点を合わせた後に加工を開始する．

レーザ加工機では板状の材料を平面的に加工できるが，立体的な加工はできない．しかし，平面的な部品を組み合わせ

図 8-18 レーザ加工機

図 8-19 加工風景

図 8-20 完成品

197

ることで，箱のような形状は容易に作成できる．

　次に作品例をいくつか紹介する．いずれも使用した材料は厚さ $2.5\,\mathrm{mm}$ の MDF 板である．MDF はミディアム・デンシティ・ファイバーボード（Medium density fiberboard，中質繊維板）の略であり，木材チップを原料として，これを蒸煮・解繊したものに合成樹脂を加えて成形したものである．強度はそれほどないが安価であるため，レーザ加工ではよく使用される．

〔作品例1：レーザ加工による六角形の箱〕
　六角形の底面板から垂直に6枚の正方形板をはめ合わせるとともに，丸い穴のあいた六角形の上面板をはめ合わせることで，六角形の箱が完成した．

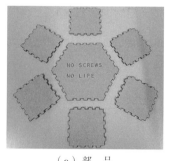
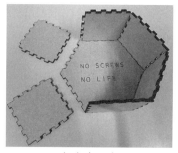

（a）部　品　　　　　　　　　　（b）組　立

（c）完成品

図 8-21　レーザ加工による六角形の箱

〔作品例2：レーザ加工による名刺ケース〕

　複数の平面板を組み立てて，2列に名刺を収納できる名刺ケースを製作した．はめ合わせる箇所が多くなると難しくなるが，はめ合わせたい箇所は同時にはめ込んで，木片などでたたきながら，全体的に少しずつ合わせていくとよい．なお，完成品にあるイラスト部分にはレーザ加工の彫刻機能を使用した．

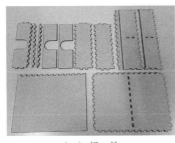

（a）部　品　　　　　　（b）組　立

（c）完成品

図 8-22　レーザ加工による名刺ケース

〔作品例3：レーザ加工による柔軟性をもつ小箱〕

　MDF 板に間隔が 1〜2 mm 程度の薄いスリットを切断することで，その部分に柔軟性をもたせることができる．これによりレーザ加工による作品製作の可能性が大きく広がる．

（a）レーザ加工

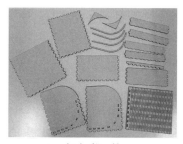

（b）部　品

（c）完成品

図 8-23　レーザ加工による柔軟性をもつ小箱（1）

（a）柔軟部が閉じる

（b）柔軟部が開く

図 8-24　レーザ加工による柔軟性をもつ小箱（2）

2　3D プリンタ

　3D プリンタは 3D データに従い**積層造形**を行いながら，立体物を出力するデジタル工作機械である．その原理にはいくつかあるが，ファブラボで多く使用されているパーソナルなものとして，樹脂を溶かしながら積層造形を行う**熱溶解積層法**や近年低価格化が進んで注目されている光を照射した液体を固めながら積層造形を行う**光造形法**などがある．

　3D プリンタに必要な 3D データを転送するまでの流れを説明する．最初に 3DCAD を活用して 3D データを作成したら，このファイルを **STL 形式**で保存する．ここで STL 形式とは Standard Triangulated Language の略であり，3D 形状のデータの標準的な造形デザインフォーマットの一つである．このデータは 3Dデータの輪郭を小さな三角形の集合体（ポリゴン）として表現したものであり，拡張子には STL が付く．

　次にこの輪郭の形状データのみをもつ STL データから，3D プリンタのノズルが一筆書きをしながら樹脂を積層していく順番を **G コード**とよばれる形式に再度変換する必要がある．この変換を行うソフトウェアを**スライサ**といい，Cura（無料）や Simplify 3D（有料）など，さまざまな種類がある．同じ STL データでも異なるスライサで変換すると異なる G コードになることもある．また，スライサの画面上では，3D プリンタのベッドのどの位置にどの角度でどの大きさの物体を出力させたいのかについて，さまざまなパラメータを使用してセットできる．物体を積層造形していく際に重力に逆らうような箇所には後から剥がすことができるサポート材を付けたり，物体内部における材料の充填率なども設定できる．

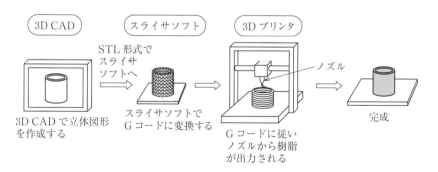

図 8-25　3D データの流れ

（1）　熱溶解積層法（FDM 法）

　熱溶解積層法は，PLA 樹脂や ABS 樹脂などの熱可塑性樹脂を 200℃程度まで加熱して溶かし，3D プリンタのノズルから出力することで立体物を積層造形するものである．現在，一般的に使用される材料は PLA 樹脂が主流であり，より強度をもつ ABS 樹脂は収縮時に反りやすいことや，3D プリントする土台のステージを加熱しておかなければならないなどの理由で一歩遅れている．一方で，より柔軟性をもつ材料や樹脂に金属粉を含んだ材料など，新たな材料も増えている．

　PLA などの材料は直径 1.75 mm の線をスプール状に巻いたフィラメントという形で 600 g〜1 kg 程度でまとめられ販売されている．

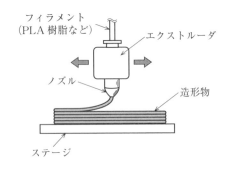

図 8-26　熱溶解積層法

図 8-27　熱溶解積層法の 3D プリンタ

〔作品例1〕

　3D CAD でモデリングした「仙台」の立体物を積層造形する．物体の形状を考えて，積層方向を決定した．「台」の「ム」と「口」は分離しているため，後方に小さな長方形を描いて接触させた．フィラメントは金色の PLA 樹脂を使用して，ノズルの温度は 200℃，ステージベッドは 60℃ に設定してプリントを開始する．完成までは約 40 分であった．

　熱溶解積層法の 3D プリンタが日本のファブラボなどに設置されてから 2020 年で 10 年ほど経過した．当初は 30 万円以上したが，現在では 3 万円程度で当時よりも高性能の製品を購入できる．

（a）3D プリンタの外観

（b）積層造形の様子

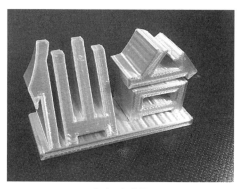

（c）完成品

図 8-28　熱溶解積層法の 3D プリンタによる出力

（2）　光造形法

　光造形法は，液体の光硬化性樹脂に光を照射することで硬化させて，これを積み重ねて成形するものである．熱溶解積層法よりも微細で正確な寸法で成形できるという特長がある．数年前までは1台50万円以上と高価であったが，近年では熱溶解積層法と同程度で数万円の商品もあり，今後の普及が注目される．

〔作品例2〕

　3Dデータの作成法として写真を読み込んでデータを作成する3Dスキャナがある．ここでは人間の上半身を3Dスキャンして3Dデータを作成した．光造形法の3Dプリンタはデータを逆さ吊りして引き上げるように造形していく．このモデルの完成までには3時間かかった．造形後には溶剤中で洗浄する必要があるが，近年は水洗いでよいものも登場している．

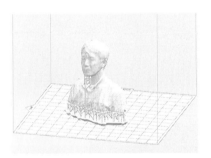
（a）3Dスキャンしたデータ

（b）光造形の様子

（c）完成品

図8-29　光造形法の3Dプリンタによる出力

第9章　機械製図学

9-1　製図の基礎

① 製図とは

　設計しようとする機械は，エンジニア同士で互いに情報交換ができるように，設計者の考えを展開した図面に表す必要がある．そして，この図面を表す作業のことを**製図**という．図面に必要なことは，誤りやあいまいさがないように**正しく**，なんら説明を加えることなく第三者に伝達できるよう**明瞭**に，生産の計画どおり**迅速**になどである．

　図面はエンジニアの間で共通の言語であるため，**日本産業規格（JIS）** で共通に定められている．また，JIS は世界で共通の**国際標準化機構（ISO）** と整合するように改訂されている．

② 製図用具

　製図には，製図機械や製図板，そして**製図用具**が用いられる．一般的な製図用具には次のようなものがある．

（1）シャープペンシル

　芯径は 0.3，0.5，0.7 mm のものを用意する．濃さは B または HB がよい．

図 9-1　シャープペンシル

　字を消すためには，消しゴムや，いろいろな形の穴が抜いてある字消し板，小さな円を描くときに便利なテンプレートなどが用いられる．

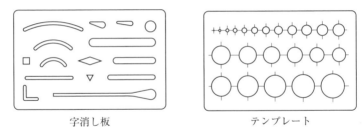

字消し板　　　　　　　　　テンプレート

図 9-2　字消し板とテンプレート

（2）コンパス

　コンパスは，円や円弧を書くために使用する．長さが 10～12 cm くらいの大コンパスと，それより小さい小コンパスを用意しておくとよい．

（3）ディバイダ

　ディバイダは，脚の先が両方とも針になっているもので，長さを他に移しかえたり，同じ長さの印を複数付けたりするのに使用する．

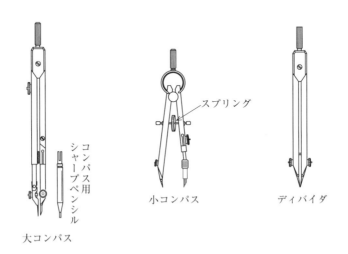

大コンパス　　　　小コンパス　　　　ディバイダ

図 9-3　コンパスとディバイダ

（4）三角定規と直定規（スケール）

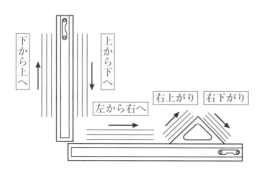

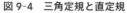

図 9-4　三角定規と直定規

図 9-5　ドラフタ

（5）ドラフタ

　ドラフタは，直定規（スケール）を平行移動させたり，回転させたりするもの.

（6）CAD システム

　CAD は computer aided design の略であり，キャドとよばれる．これはコンピュータ支援設計ともよばれ，コンピュータを用いて設計をすることを意味する．具体的には手書きでの製図の基本である第三角法に基づいて，コンピュータ画面上に二次元で表記する 2D の CAD が多く用いられてきた．そして，近年，大きく普及しているのが三次元で表記する 3D の CAD である．これらの中にはフリーソフトとして利用できるものもあり，今後ますますものづくりの場面で用いられるようになることは間違いない．CAD と並んで CAM という言葉がある．これは computer aided manufacturing の略であり，キャムとよばれる．これは従来は CAD とは別物であり，CAD で作成された形状データを入力データとして，加工用の NC プログラム作成などに用いられてきた．現在でも CAD と CAM の機能が区別されたものもあるが，3D プリンターやラピッドプロトタイピングで，3D CAD のデータを造形する際に，STL（Standard Triangulated Language の略）というファイル形式に変換することで，CAM データとして活用することもできる．また，比較的高価な 3D CAD には，標準の機械要素の図面が取り込まれていたり，強度解析，機構解析，流体解析などができる機能をもつものもある．これは従来，CAE（Computer Aided Engineering）とよばれた

分野を取り込んだものである．高度なことをするためには，CAD/CAM/CAE はそれぞれ別々なソフトウエアが用いられるであろうが，3D CAD を覚えれば，それを 2D の図面に落とすことも容易であり，基本的な CAM や CAE の機能を含んだものもあるため，今後は，機械の初心者でも 3D CAD から学び始めるのが主流になるのではと思う．

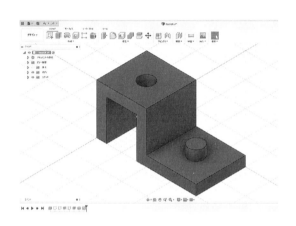

図 9-6　3D CAD の画面例

③　**製図用紙**

A 0，A 1，A 2，A 3，A 4 の 5 種類から選んで使用する．

図面は原寸で書くことが望ましいが，書こうとするものが大きい場合は縮尺，小さい場合は倍尺が用いられる．なお，尺度の推奨値は表 9-2 のように定められている．

図面には右下に表題欄を設けて，図面番号や図名，尺度，投影法，企業名（学校名），図面作成年月日，責任者の署名など，必要事項を記入する．また，図面の右上か右下のすみには部品欄を設けて，その図面に書かれている部品の照会番号，品名，材料，個数，工程，質量などを記入する．

④　**線の種類**

図面に用いる線は，線の形や太さによる種類がある．線の種類には，実線，破線，一点鎖線，二点鎖線の 4 種類がある．線の太さの種類には，細線，太線，極

表 9-1 製図用紙の大きさと図面 （単位 mm）

A列サイズ（第1優先）		延長サイズ		c（最小）（とじない場合 d=c）	とじる場合の d（最小）
呼び方	寸法 a×b	呼び方	寸法 a×b		
—	—	A0×2②	1 189×1 682	20	20
A0	841×1 189	A1×3②	841×1 783		
A1	594×841	A2×3②	594×1 261		
		A2×4②	594×1 682		
A2	420×594	A3×3①	420× 891		
		A3×4①	420×1 189		
A3	297×420	A4×3①	297× 630	10	
		A4×4①	297× 841		
		A4×5①	297×1 051		
A4	210×297	—	—		

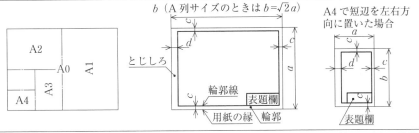

〔備考〕 ①は特別延長サイズ（第2優先），②は例外延長サイズ（第3優先）を示す．延長サイズを用いる場合は，特別延長サイズ，例外延長サイズの順に用いる．
（JIS B 0001：2019 による）

表 9-2 尺度の推奨値

尺度の種類	推奨尺度
縮 尺	1:2　1:5　1:10　1:20　1:50　1:100　1:200 1:500　1:1 000　1:2 000　1:5 000　1:10 000
現 尺	1:1
倍 尺	2:1　5:1　10:1　20:1　50:1

〔注〕 1. この表の値より大きい倍尺および小さい縮尺が必要な場合は，表の尺度に10の整数倍を乗じて得られる尺度にする．
2. やむをえず推奨尺度を適用できないときは，JIS Z 8314 の付属書に規定した尺度を選ぶことが望ましい． （JIS B 0001：2019 による）

表 9-3　線の種類および用途

用途による名称	線 の 種 類*³		線 の 用 途
外 形 線	太 い 実 線	———————	対象物の見える部分の形状を表すのに用いる.
寸 法 線	細 い 実 線		寸法を記入するのに用いる.
寸 法 補 助 線			寸法を記入するために図形から引き出すのに用いる.
引 出 線			記述・記号などを示すために引き出すのに用いる.
回 転 断 面 線			図形内にその部分の切り口を90°回転して表すのに用いる.
中 心 線			図形の中心線を簡略に表すのに用いる.
水 準 面 線			水面・液面などの位置を表すのに用いる.
か く れ 線	細 い 破 線 または太い破線	-------	対象物の見えない部分の形状を表すのに用いる.
中 心 線	細い一点鎖線	—·—·—·—	a) 図形の中心を表すのに用いる. b) 中心が移動する中心軌跡を表すのに用いる.
基 準 線			特に位置決定のよりどころであることを明示するのに用いる.
ピ ッ チ 線			繰返し図形のピッチをとる基準を表すのに用いる.
特 殊 指 定 線	太い一点鎖線	—·—·—·—	特殊な加工を施す部分など特別な要求事項を適用すべき範囲を表すのに用いる.
想 像 線　*¹	細い二点鎖線	—··—··—	a) 隣接部分を参考に表すのに用いる. b) 工具・ジグなどの位置を参考に示すのに用いる. c) 可動部分を，移動中の特定の位置または移動の限界の位置で表すのに用いる. d) 加工前または加工後の形状を表すのに用いる. e) 図示された断面の手前にある部分を表すのに用いる.
重 心 線			断面の重心を連ねた線を表すのに用いる.
破 断 線	不規則な波形の細い実線，またはジグザグ線		品物の一部を破った境界，または一部を取り去った境界を表すのに用いる.
切 断 線	細い一点鎖線で端部および方向の変わる部分を太くしたもの*²		断面図を描く場合，その断面位置を対応する図に表すのに用いる.
ハ ッ チ ン グ	細い実線で，規則的に並べたもの		図形の限定された特定の部分を他の部分と区別するのに用いる．たとえば，断面図の切り口を示す.
特殊な用途の線	細 い 実 線		a) 外形線および隠れ線の延長を表すのに用いる. b) 平面であることを示すのに用いる. c) 位置を明示または説明するのに用いる.
	極 太 の 実 線	———————	薄肉部の単線図示を明示するのに用いる.

*1　想像線は，投影法上では図形に現れないが，便宜上必要な形状を示すのに用いる．また，機能上，工作上の理解を助けるために，図形を補助的に示すためにも用いる.
*2　ほかの用途と混用のおそれがないときは，端部および方向の変わる部分を太くする必要はない.
*3　その他の線の種類は，JIS Z 8312 によるのがよい.
〔備考〕　細線，太線および極太線の太さの比率は，1：2：4 とする.　（JIS B 0001-2019 による）

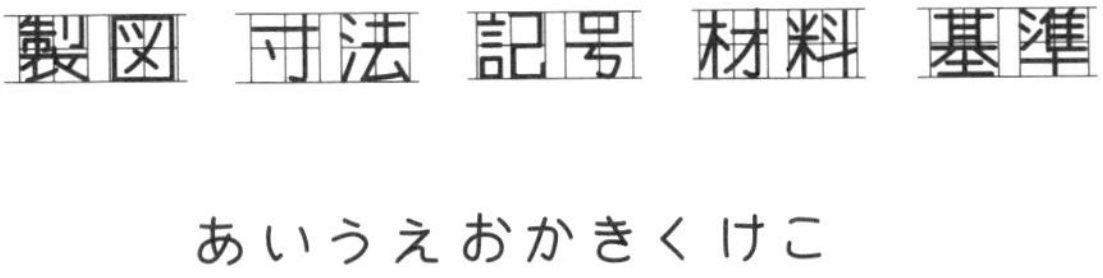

製図 寸法 記号 材料 基準

あいうえおかきくけこ

図 9-7 漢字・かな

A 形斜体の書体

図 9-8 ローマ字・数字

太線があり，その比率は約 1：2：4 と定められている．線の太さの基準は，0.13，0.18，0.25，0.35，0.5，0.7，1.0，1.4，2.0 mm の 9 とおりがある．

5 **文字の種類**

図面に用いる漢字，かな，ローマ字，数字は，その大きさや書体などが規定されている．

漢字やかなの字体は直立ゴシック体を用い，他の字体との混用はしない．その大きさは，漢字は高さ（3.5），5.0，7.0，10，14，20 mm の 6 種類，かなは高さ（2.5），3.5，5.0，7.0，10，14，20 mm とし，（ ）内のものは，ある種類の複写には適さないので，なるべく用いない．

ラテン文字や数字および記号の書体は A 形書体または B 形書体（A 形書体より線が太い）のいずれかの直立体または斜体を用い，同一図面では混用しない．

9-2　投影図

□1　等角図

　等角図は，物体を投影して直交する X, Y, Z の 3 座標軸が互いに 120° になるようにして，各軸の方向の長さを実際の長さと等しくとった図である．等角図を書くときには，斜眼紙を用いると便利である．

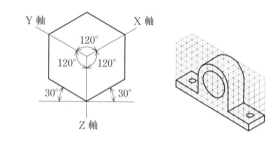

図 9-9　等角図

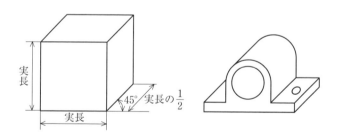

図 9-10　キャビネット図

□2　キャビネット図

　物体の正面の形を正投影で表し，奥行だけを斜めに書いた図を斜投影図といい，その中でも奥行の長さを実際の長さの 1/2 で書いたものを**キャビネット図**という．また，奥行の方向は一般に 45° で表される．

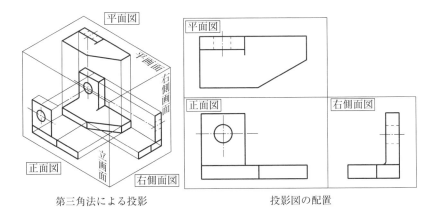

第三角法による投影　　　　　　　　　　　投影図の配置

図 9-11　第三角法

3　**第三角法**

　物体を平面上に表すためには投影法が用いられ，機械製図では**第三角法**で書く
ことが JIS で定められている．第三角法は，正面図に対して上から見た図を平面
図，右または左から見た図を側面図として，隣り合う投影面の間で外側へ 90° 折
り曲げたものである．

　投影図は全部で 6 面を考えることができるが，右側面図と左側面図が同じ形の
場合などは省略できる．なお，正面図にはその物体の特徴をよく表しているもの
を選ぶとよい．

例 9-1　第三角法の表記

次の図面を指定された面を正面として，第三角法で表しなさい．

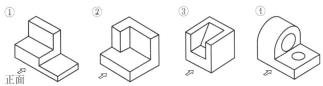

213

解答

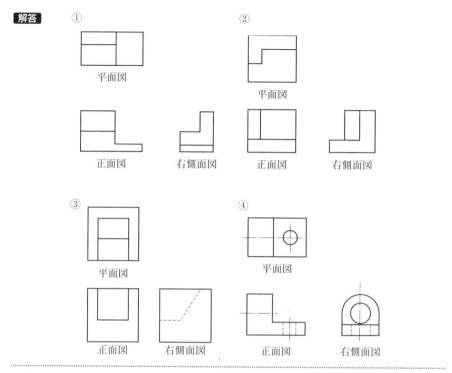

機械製図の図面には第三角法で表した図面であることを示すために，図 9-12 のような投影法の記号を記入する．

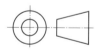

図 9-12　第三角法の投影図記号

[4] 図面の表し方

製作図は，設計しようとする機械の組立状態を表した**組立図**と，各部分を表した**部品図**がある．1 枚の用紙に一つの製品を表したものを**一品一葉図面**，1 枚の用紙に複数の製品を表したものを**多品一葉図面**という．

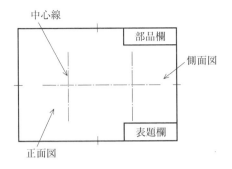

図 9-13　図面の配置

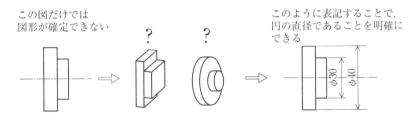

図 9-14　補助投影図

　図面を書く場合には，まず正面図を決めてから，平面図，側面図など他の図面を決める．図形の様子を明確に表すことができる正面図を**主投影図**という．次にそれらの配置や表題欄，部品欄を決めたら，中心線を引いてから図面を描き始める．

　主投影図だけで，図面の情報をすべて伝えられない場合にはそれを補助するための投影図を描く必要がある．たとえば，図 9-14 のような投影図だけでは，各部分が円形なのか四角形なのかがわからない．このような場合には，補助する投影図として，側面図などを付け加える．補助投影図はできるだけ少ないほうがよいため，円の直径を φ の記号で表すことで省略できる．

　図面の内部を図示するためには**かくれ線**を用いるが，複雑な形状のものは図が

図 9-15　すいかの断面図

見にくくなるため，表したい部分を断面で切断した**断面図**で表すことがある．断面図には，一平面の断面で切断して表す**全断面図**や，対称中心線を境にして，外形図と断面図とを組み合わせた**半断面図**などがある．

例 9-2　断面図の表記

次の図形について①は全断面図，②は半断面図を描きなさい．

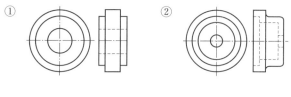

解答

上図のように，断面をわかりやすくするために引いた等間隔の細い実線を**ハッチング**という．

9-3 寸法記入法

　図面は寸法を記入することで，その大きさを表現することができる．図面には完成した品物の寸法である**仕上り寸法**を mm 単位で記入し，単位は書かない．たとえば，20 mm は 20 で表す．また，角度は度で表し，たとえば 20° のように表す．ラジアンで表す場合は，0.8 rad のように単位記号を付ける．

　寸法には，**寸法線・寸法補助線・寸法補助記号**などがあり，これと寸法数値で表す．寸法線は原則として指示する長さや角度をはかる方向に対して平行に引く．寸法線と寸法補助線は直角になるように引き，寸法線の交点より約 3 mm 延ばす．寸法補助線は，直接，図形の中に引いてもよい．寸法線の両端には，端末記号を付ける．一般的に矢印を用い，すきまがない場合には黒丸を用いることもある．

　寸法補助記号には，表 9-4 に示すようなものがある．

　45° の**面取り記号**とは面取りの深さを表し，図 9-17 のように寸法記入を簡略化できる．

　穴の寸法は，穴の中心位置と直径で表す．穴の加工方法を示すときには，表 9-5 の記号を用いる．

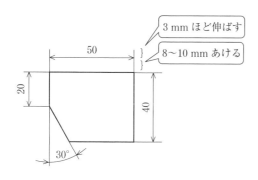

図 9-16　寸法線

表 9-4　おもな寸法補助記号

記号	読み方	意　味
φ	まる	直径
R	あーる	半径
Sφ	えすまる	球の直径
SR	えすあーる	球の半径
□	かく	正方形の辺
t	てぃー	板の厚さ
C	しー	45° の面取り

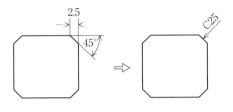

図 9-17　45°の面取り記号

表 9-5　穴の加工方法を表す記号

記　号	加工方法
キ　リ	きり（ドリル）で切削した穴
リーマ	きり穴をリーマで仕上げた穴
打ヌキ	板などをプレスで打ち抜いた穴
イヌキ	鋳造のときにあけた穴

例 9-3　寸法記入法

次の穴の寸法記入法が表している意味を説明しなさい.

① 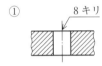　②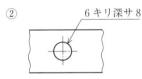

解答　① 　直径 8 mm のドリルによる穴あけ.
　　　 ② 　直径 6 mm のドリルによる穴を深さ 8 mm であける.

① 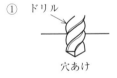　②

9-4 サイズ公差とはめあい

1 サイズ公差

　機械部品は寸法を目標どおりに製作することをめざすが，厳密には目標どおりに製作することは難しく，必ず誤差を含む．誤差は少ないほどよいが，精密に工作しようとするとその分だけ加工費が高くなる．そのため，あらかじめ実用上支障のない大小の誤差範囲を指定しておき，その範囲内に収まるように製作を行う方法がとられる．この大小二つの寸法を**許容限界サイズ**といい，大きいほうを**上の許容サイズ**，小さいほうを**下の許容サイズ**という．また，両者の差を**サイズ公差**という．

　　　サイズ公差＝上の許容サイズ－下の許容サイズ

　許容限界サイズは，図面上では次のように記入される．

　①　基準寸法の次に，サイズ許容差の数値を記入して表す．

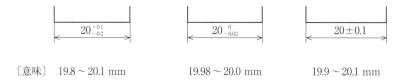

〔意味〕　19.8～20.1 mm　　　　　19.98～20.0 mm　　　　19.9～20.1 mm

図 9-18　許容限界サイズ記入例①

　②　許容限界サイズをそのまま記入して表す．
　③　上または下の許容サイズのいずれか一方だけを指定する．

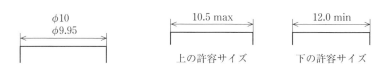

図 9-19　許容限界サイズ記入例②　　　**図 9-20　許容限界サイズ記入例③**

④　すべての寸法にサイズ許容差を記入するのは煩雑になるため，特別な精度が要求されない寸法については，サイズ許容差を個々に記入せずに，一括して指示する方法もとられる．

② はめあい

寸法の許容差が実用上重要となるのは，穴と軸が互いにはまりあう関係である**はめあい**を考える場合である．穴と軸は，互いに動かしたい場合と固定したい場合がある．穴と軸を互いに動かしたい場合には，軸の直径が穴の直径よりわずかでも小さければよい．このとき，軸の直径と穴の直径との差を**すきま**という．また，穴と軸を固定したい場合には，軸の直径が穴の直径よりわずかでも大きければよい．このとき，軸の直径と穴の直径との差を**しめしろ**という．

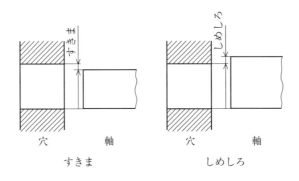

図9-21　すきまとしめしろ

はめあいの種類には，次のようなものがある．

（1）**すきまばめ**

穴の下の許容サイズよりも軸の上の許容サイズが小さい場合を**すきまばめ**といい，軸と軸受の間などに用いられる．

（2）**しまりばめ**

穴の上の許容サイズよりも軸の下の許容サイズが大きい場合を**しまりばめ**といい，車軸と車輪の固定などに用いられる．

（3）**中間ばめ**

穴と軸の実寸法によって，しめしろができたり，すきまができたりする場合を

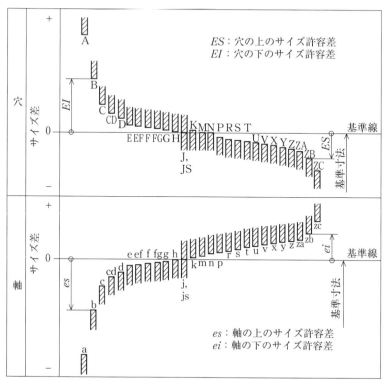

〔備考〕 一般に，基礎となるサイズ許容差は基準線に近いほうの許容限界寸法
を定めているサイズ許容差である.

図 9-22 穴・軸の交差クラスの位置と記号（JIS B 0401-1：2016 による）

中間ばめといい，軸から取外しするベルト車の穴と軸など，しまりばめよりも小さいしめしろが必要な場合に用いられる.

　JIS では，穴と軸のサイズ公差が定められており，これを**基本サイズ公差**という．これは IT（International Tolerance）で表され，その数値の大小によって，18 等級に分けられている.

　上の許容サイズと下の許容サイズの間の領域を**交差クラス**といい，穴の交差クラスは A から ZC までの大文字記号で，軸の交差クラスは a から zc までの小文

字記号で表される.

　はめあいの方式には，穴を基準にして軸を組み合わせる**穴基準はめあい**と，軸を基準にして穴を組み合わせる**軸基準はめあい**とがある．交差クラスの基準は，穴の場合は H，軸の場合は h である.

　穴の加工より軸の加工のほうが精度を出すことが容易であるため，穴を基準として軸を選ぶことが多い．そのため，一般的には穴基準はめあいが用いられる.

　実際のサイズ許容差は，JIS で規定された表を読んで求めることになる．ここでは，その一部を紹介する.

例9-4　サイズ許容差の読み方1

　$\phi30$ H 6 の穴に $\phi30$ g 5 の軸をはめあわせるときの，最大すきまと最小すきまを求めなさい.

解答　穴の直径による区分と H 6 から，$\phi30$ H 6 は上のサイズ許容差が 13，また，軸の直径による区分と g 5 から，$\phi30$ g 5 は上のサイズ許容差が $-7\,\mu$m で，下のサイズ許容差が $-16\,\mu$m であることを読み取る.

　よって，最大すきまは，$13+16=29\,\mu$m，最小すきまは，$0+7=7\,\mu$m になる.

　はめあいによるサイズ許容差を図面に記入する場合は，基準寸法の後に穴や軸の交差クラスを表すサイズ公差記号を記入する.

例9-5　サイズ許容差の読み方2

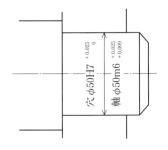

　図に示した穴と軸のはめあいについて，はめあい方式，軸の下の許容サイズ，軸の上の許容サイズ，軸のサイズ公差，はめあいの種類を求めなさい.

解答
　はめあいの方式：穴の片側が 0 のため穴基準
　軸の下の許容サイズ：$50+0.009=50.009$ mm
　軸の上の許容サイズ：$50+0.025=50.025$ mm
　軸のサイズ公差：$0.025-0.009=0.016$ mm
　はめあいの種類：穴と軸の寸法によって，しめしろができたり，すきまができたりするので中間ばめである

9-5 表面粗さ

機械部品の表面には必ず凹凸がある．機械加工された部品の**表面粗さ**は，単に部品の肌の美観を左右するだけでなく，摩擦・摩耗，騒音・振動などの動的な接触に大きな影響を及ぼす．また，部品が精密になるほど寸法精度や互換性などの静的な接触にも問題になる．

表面のツルツルやザラザラなどを数値化して表すにはいくつかの方法があるが，ここでは一般に広く採用されている**算術平均粗さ**（Ra）を紹介する．

表面形状を調べるためには，まず表面を垂直に切断して**断面曲線**を求め，そこから**粗さ曲線**を求める．算術表面粗さは，粗さ曲線から基準となる長さを抜き取り，それを幾何学的に処理して求めたものである．

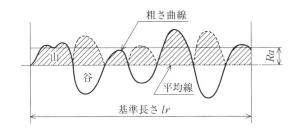

図 9-23 算術平均粗さ

	除去加工あり				除去加工なし
Ra	$\sqrt{}$ Ra 0.20	$\sqrt{}$ Ra 1.6	$\sqrt{}$ Ra 6.3	$\sqrt{}$ Ra 25	$\sqrt{}$
旧規格	0.20 $\diagup$ $\bigtriangledown$	1.6 $\diagup$ $\bigtriangledown$	6.3 $\diagup$ $\bigtriangledown$	25 $\diagup$ $\bigtriangledown$	$\diagup$ $\bigtriangledown$

図 9-24 Ra と旧規格の仕上げ記号

算術平均粗さ（Ra）は標準数列〔μm〕が定められており，0.20，1.6，6.3，25 μm などが用いられる．表面粗さの表記には長年用いられていた旧記号があるため，図 9-24 には Ra とこれを併記した．

223

9-6　機械要素の製図

① ねじの製図

ねじは標準化が進んでいるため，製図をするときにねじ山の一つひとつを描く必要はなく，図示方法が示されている．

（1）おねじの図示方法

おねじは外形を太い実線，ねじの谷径を細い実線で表し，ねじ部長さ，完全ねじ部長さ，不完全ねじ部長さなどを図 9-25 のように表す．完全ねじ部と不完全ねじ部との境界線は太線で表す．

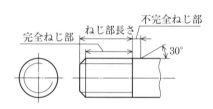

図 9-25　おねじの図示方法

（2）めねじの図示方法

めねじは内径を太い実線，ねじの谷径を細い実線で表し，完全ねじ部長さ，不完全ねじ部長さなどを図 9-26 のように表す．完全ねじ部と不完全ねじ部との境界線は太線で表す．

（3）ねじの寸法記入法

ねじの寸法は図 9-27 のように記入する．

（4）ボルト・ナットの略画法

六角ボルトと六角ナットは図 9-28 のような略画法で表される．

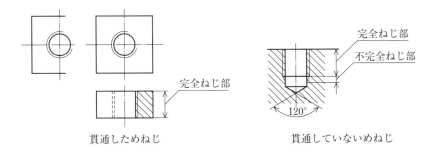

完全ねじ部

不完全ねじ部

完全ねじ部

120°

貫通しためねじ　　　　　　貫通していないめねじ

図 9-26　めねじの図示方法

M16

M20

図 9-27　ねじの寸法記入法

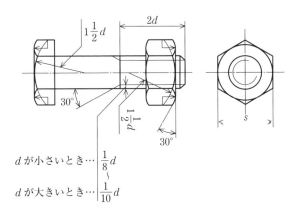

$1\frac{1}{2}d$　　$2d$

$30°$

$\frac{1}{2}d$

$30°$

s

d が小さいとき… $\frac{1}{8}d$ ～ $\frac{1}{10}d$

d が大きいとき…

図 9-28　六角ボルトと六角ナットの略画法

225

例 9-6 ボルト・ナットの寸法と角度

M 20 の六角ボルトと六角ナットの場合，各部分の寸法と角度を求めなさい．

解答
①	40 mm	②	18 mm
③	12 mm	④	2〜2.5 mm
⑤	30 mm	⑥	30 mm
⑦	30°		

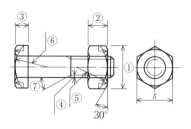

2 歯車の製図

歯車もねじと同様に標準化が進んでいるため，製図をするときに歯の一つひとつを描く必要はない．JIS では，インボリュート歯車の平歯車，はすば歯車，やまば歯車などの 8 種類について，図示方法が規定されている．

① 歯先円を太い実線，歯底円を細い実線，ピッチ円を細い一点鎖線で表す．

② 歯すじ方向は，通常 3 本の細い実線で表す．

かみあう一対の歯車は，側面図のかみあい部の歯先円をいずれも太い実線で表す．歯先円は両歯車とも太い実線で表すが，正面図を断面図として表す場合は，かみあい部の一方はかくれ線で表す．

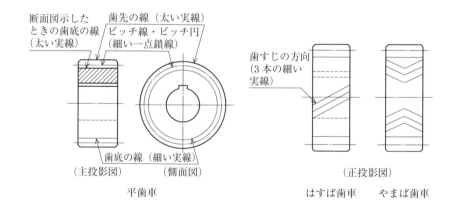

図 9-29　歯車の図示方法

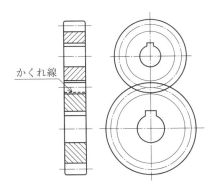

かくれ線

図 9-30 かみあう一対の歯車

また，かみあうかさ歯車やウォームギヤ，ラックとピニオンの簡略図は図 9-31〜図 9-33 のように描く.

なお，市販の歯車各部の寸法はモジュールや軸径を基準にして定められているため，詳細はカタログを読むとよい. また，歯車を製作するための図面の場合には，仕上げ方法や精度，バックラッシなどをより詳細に明示する必要がある.

③ **転がり軸受の製図**

転がり軸受も歯車やねじと同様に標準化が進んでいるため，製図をするときにその形状や寸法は略画で表すことができればよい. 基本簡略図示方法は，外形線と同じ太い実線で軸受の輪郭を四角形で表し，その中央に十字を描く. 軸受の正確な形式や列数などを示したい場合には，個別の簡略図示方法で描く.

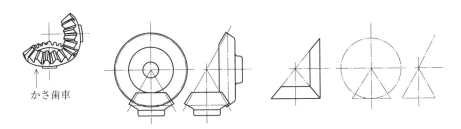

かさ歯車

図 9-31 かさ歯車

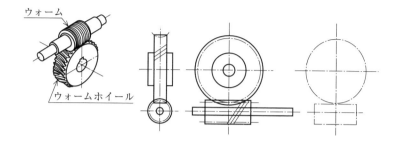

図 9-32　ウォームギヤ

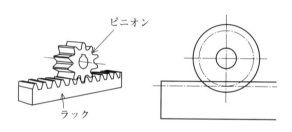

図 9-33　ラックとピニオン

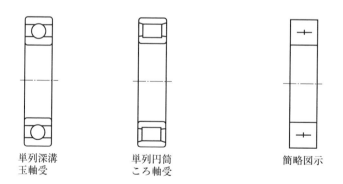

単列深溝
玉軸受

単列円筒
ころ軸受

簡略図示

図 9-34　転がり軸受の基本簡略図示方法と個別簡略図示方法

④ ばねの製図

ばねの図示方法は実際形状に比較的近い略図で表すことが規定されている.

① 原則として無荷重の状態で描く.

② 断りのない場合は右巻きを表し, 左巻きの場合には"巻方向左"と記入する.

③ ばね定数や最大圧縮応力などは, 要目表に別途記入する.

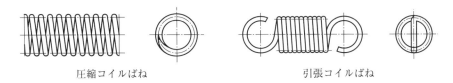

圧縮コイルばね　　　　　　　　　　　引張コイルばね

図 9-35　ばねの図示方法

⑤ 溶接の製図

溶接記号は, 部材間の溶接部の形状を表す基本記号と, 溶接部の表面形状や仕上げ方法などを表す補助記号が規定されている. 図 9-36 に二つの例を紹介する.

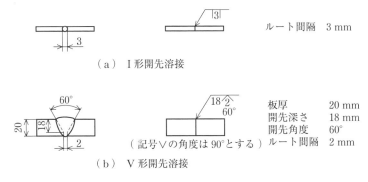

（ a ）　I 形開先溶接

ルート間隔　3 mm

板厚　　　　20 mm
開先深さ　　18 mm
開先角度　　60°
ルート間隔　2 mm

（記号∨の角度は 90°とする）

（ b ）　V 形開先溶接

図 9-36　溶接の図示方法

⑥ 油空圧装置の製図

油圧および空気圧用図記号は, これらの機器および装置の機能を図示するために使用する記号が規定されている. 図 9-37, 表 9-6 に空気圧制御回路の例をあげる.

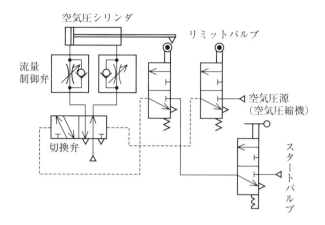

図 9-37　空気圧制御装置の図示例

表 9-6　基本的な記号要素・機能要素の図記号

記　号	用　　途
◯	エネルギー変換器（ポンプ，圧縮機，モータなど）
◯	計測器，回転継手
☐	制御機器，電動機以外の原動機
▭	シリンダ，バルブ
⬭	油タンク（密閉式），空気圧タンク，アキュムレータなど
⌴	油タンク（通気式）
▶	エネルギー源が油圧
▷	エネルギー源が空気圧
↗	ポンプ，ばね，可変式電磁アクチュエータなどの可変操作または調整手段
▽▽	電磁アクチュエータ（複動ソレノイド）
⤫	絞り（中央に↗がつくと可変式）
∧∧	ばね（2 山が望ましい）
⊥	閉路，閉鎖接続口
⟨	電気入力

（JIS B 0125-1：2020 による）

9-7　3D CAD による製図

　ここでは Autodesk 社の Fusion360 を活用した 3D CAD による作図の実際を
まとめる．基本図形の作成だけでなく，リンク機構のシミュレーション，歯車や
ねじなどの機械要素の作図とシミュレーション，また引張試験や曲げ試験のシ
ミュレーションなどが比較的容易に行うことができる．

　（Fusion360 は，学生・教職員は無償利用可能であるため，対象者はぜひご活
用されたい．）

https://www.autodesk.co.jp/campaigns/design-now

1　基本図形の作図

　三次元の基本図形の作図は，はじめに図系の土台の平面となる長方形等の二次
元の平曲面を描いた後，高さ方向に「押し出し」，直方体を作成して，不要な部
分の直方体を「カット」する．円形部も円を描いた後，「押し出し」と「カット」
のコマンドを使用して図形を描く．作図する三次元図面の各部寸法は，第三角法
で表された二次元図面から読み取る．作図が完成したら，「外観」コマンドで材
質や色を指定する．

図 9-38　基本図形 1

図 9-39　基本図形 2

図 9-40　基本図形 3

図 9-41　基本図形 4

② リンク機構

　代表的なリンク機構である**てこクランク機構**は，一つのリンクが回転して，向かい合うリンクがてこのはたらきをする4節リンク機構である．この機構が成立する条件「最短のリンク（節）と他の一つのリンク（節）の長さの和が，残りの二つのリンク（節）の長さの和より小さいか，等しい」にて4本のリンク棒を作成して，円筒形のピンを使用しながら，「アセンブリ」→「ジョイント」のコマンド操作で組み立てていく．ここで2本のリンク棒はピンの部分で回転する「回転ジョイント」とする．4か所の回転ジョイントが完成したら，土台となるリンク棒を「固定」して，「モーションリンク」のコマンドを使用して，最短リンクを回転させることで，向かい合うリンクが揺動するてこクランク機構のシミュレーションが完成する．

図9-42　リンク機構の部品

図9-43　リンク機構の組立

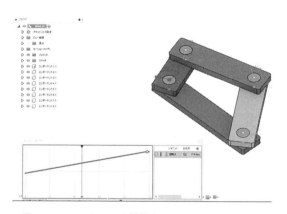

図9-44　てこクランク機構とそのシミュレーション

233

③　**カム機構**

　カムの輪郭に沿って回転運動を往復運動に変換するカム機構のモデリングを行い，シミュレーションで動かす．直径 60 mm の円板から 15 mm 偏心した場所に直径 10 mm の軸穴をあけてカム軸とする．位置固定ジョイントの設定で，モーションのタイプを「スライダ」として，カムのフォロワの動きを作成する．

図 9-45　カム機構のモデル

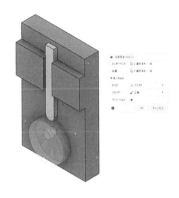

図 9-46　位置固定ジョイントの設定

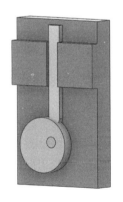

図 9-47　カム機構の完成品

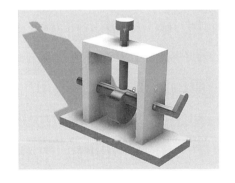

図 9-48　より立体的なカム機構モデル

　リンク機構やカム機構のモデルを製作する前にシミュレーションで動きを確認できるのはとても便利である．

4 歯　車

　Fusion360 にて，「スクリプト」にある "Spur Gear" を使用することで，歯車の図形を取り出すことができる．ここで必要な大きさと歯数の歯車を取り出すためには，モジュールなどの基礎知識が必要になる．使用する 2 枚の歯車が決定したら，軸間距離を計算して土台を作成する．歯車は「アセンブリ」→「ジョイント」の「回転」で設定するが，歯車と歯車が重ならないように微調整を行う．その後は，「アセンブリ」→「モーションリンク」のコマンドで歯車が回転し，シミュレーションが完成する．

　"Spur Gear" の設定には歯車の基礎知識が必要となる．図 9-45 にその入力画面を示す．英語の表記になるが単位をメートル，圧力角 20°，モジュール 3，歯数 24 枚，バックラッシ 0，ルートフィレット半径 2 mm，歯厚 10 mm，中心穴の直径 10 mm，ピッチ円直径 72 mm などを指定する．作成した歯車を図 4-50 に示す．

　かみ合わせたい 2 枚の歯車を作図するとともに，歯車の中心距離を計算して軸のある土台を作成して，「回転」の設定を行う．

図 9-49　SPUR GEAR

図 9-50　作成した歯車

図 9-51　2 枚の歯車と土台

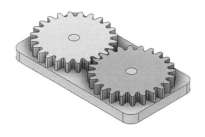

図 9-52　歯車のかみ合いモデル　　　　　図 9-53　歯車のかみ合い部

　小歯車を駆動歯車とする速度伝達比 4 の減速歯車装置のシミュレーションを図 9-54 に示す．また，4 枚の歯車をかみ合わせた減速歯車装置をギヤボックスに収納したものを図 9-55 に示す．

図 9-54　減速歯車装置

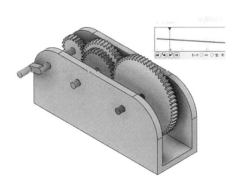

図 9-55　ギヤボックス付き減速歯車装置

⑤　ね　じ

　ボルトとナットは，Fusion360 のコマンドを使用して六角形や円筒から作成することもできるが，規格どおりの面取り角度などを出すことは難しい．正しい規格品の図面は McMASTER-CARR から選択をして挿入して使用することができる．適切なボルトやナットを選定するためには，ねじの頭部形状やピッチなどの基礎知識が必要になる．ボルトとナットは，「アセンブリ」→「ジョイント」でボルトとナットを合わせて，ジョイントコマンドに「円柱状」を選び，スライドする距離を指定することで，ボルトの軸にナットが回転しながら往復するシミュレーションができる．

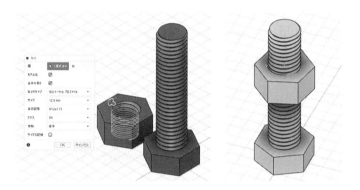

図 9-56　Fusion360 のねじコマンドとかみ合い

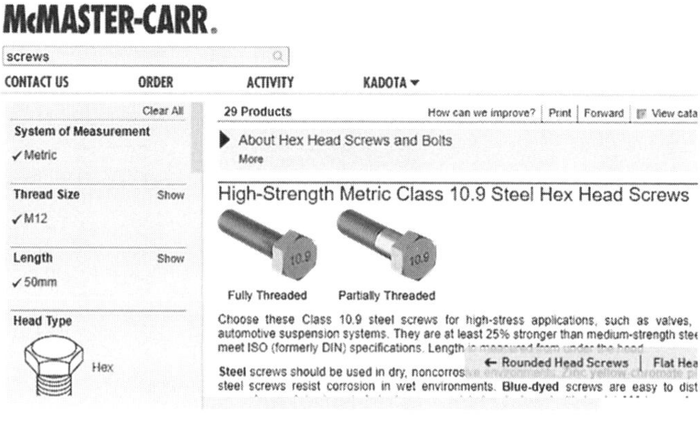

図 9-57　McMASTER-CARR の画面

　いずれの方法でもよいが，用意できたボルトとナットをかみ合わせて，「スライド」コマンドで移動距離を指定することで，ナットがボルトのまわりを回転しながらスライドする．ここでは，呼び径 12 mm で長さ 50 mm（M12×50）の六角ボルトと同じく，呼び径 12 mm の六角ナットをかみ合わせた．

図 9-58　ボルトとナット

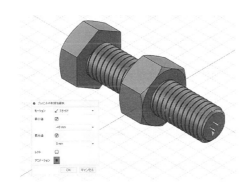

図 9-59　ボルトとナットのかみ合いシミュレーション

6　引張試験

　Fusion360 には応力解析の機能もある．引張試験では，試験片をモデリングした後に材料を選定（鋼，黄銅，アルミニウム，チタン），端部を拘束，加える荷重の設定を行い，「解析」を開始することで，結果として「安全率」「応力」「ひずみ」などが表示される．

　ここでは引張試験片の規格にある 4 号試験片を模してモデリングをした．これはくびれ部の直径が 14 mm，平行部分が 50 mm，肩部の半径 R15以上などの規定がある．

図 9-60　引張試験のモデル

図 9-61　安全率の計算結果

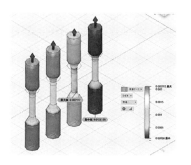

図 9-62　ひずみの計算結果

⑦　曲げ試験

　曲げ試験も試験片をモデリングした後に材料の設定（鋼，黄銅，アルミニウム，チタン）など，同様の設定を行うことで，解析結果が得られる．強度解析は選定した材料の種類や形状に荷重を加えた結果の評価を行うため，材料力学に関する基礎知識が必要になる．

図 9-63　曲げ試験のモデル

図 9-64　曲げ試験のシミュレーション結果（安全率）

第10章 機械創造学

10-1　創造学のすすめ

　機械工学を主として学ぶのは大学工学部においてである．ここでは数学や理科が基礎となるとよくいわれる．そして，ここでの工学とは具体的な機械を設計する活動ではなく，機械の設計に役立つ原理を追求することに力点が置かれている．ここでの学びは，数学モデルによる定式化が行われ，場合によってはものに触れることなく，コンピュータ画面上のシミュレーションで終わる研究もある．すなわち，「工学」の「科学化」が進んでおり，全体を見渡した総合的なもの創りはそれほど重視されていないのである．このことは最先端の研究者を育成するためには一定の役割を果たすであろうが，これは研究の細分化にもつながり，自分の専門分野と少しでも異なる分野のことはわからなくなるという弊害をもたらすことになる．もちろん，ある一分野の専門家になることは，それ自体は有益なことだろう．しかし，多くのエンジニアに求められていることは，それ以上に幅広く機械系ものづくりの世界を見渡すことができる能力なのである．

　できるだけ早い時期から，もの創りの実際を教えようと設置されたのが工業高校である．ここでは多くの高校生たちが，作業着を着て，さまざまなもの創りや実験に取り組んでいる．近年多くの工業高校の統廃合が進められており，急速にその数を減らしている．昭和40年代に中堅技術者の育成が目指された工業高校と現在とではそのあり方は変化しているが，理数系離れを食い止め，日本の製造業の復権のためにも，機械系ものづくりの基礎を教える学校としての工業高校は貴重である．

　著者の勤務する工業高校では，もの創りの好きな多くの高校生たちが，連日，さまざまなもの創りや実験に取り組んでいる．最後にそのいくつかの例を紹介したい．

10-2　水中ロボットの創造学

　設計学として，「本物の魚のようにプールで自由に泳ぎ回るロボットを創りたい！」という強い気持ち．**運動学**として，魚のひれを左右に動かして，ロボットを直進させること．また，背びれを動かして自由な方向に泳げること．**強度学**として，プールを泳いでも丈夫で壊れないこと．**材料学**として，構造材としての鉄鋼材料，軽さを考えたアルミ合金，浮力をかせぐためのプラスチック材料など．**要素学**として，使用する歯車や軸受，ベルト，また，往復スライダクランク機構のメカニズムなど．**制御学**として，RC によるサーボモータの制御など．**工作学**として，旋盤・フライス盤・ボール盤を駆使した加工．そして，水漏れ対策．**製図学**として，部品図と組立図の作成．

　これらを検討して進めた結果，完成したのが図 10-1 の水中ロボットである．

　1 号機は直進運動をするロボット．2 号機は背びれにより自由な方向に泳げるロボット．また，2 枚のフリッパーのはばたきで推進するペンギンロボットにも挑戦した．

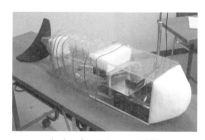

（a）　魚ロボット 1 号機　　　　　　（b）　魚ロボット 2 号機

（c）　ペンギンロボット

図 10-1　水中ロボット

10-3　食品製造ロボットの創造学

　設計学として，「全自動で四つのギョウザを製造するロボットを創りたい！」という強い気持ち．手順は，皮と具（肉や野菜）を用意し，ギョウザが焼き上がるまで．**運動学**として一定量の具を皮に載せること．皮を包むこと．フライパン上に四つを配置することなど．**強度学**として，本体構造や運動部分が丈夫で壊れないこと．**材料学**として，構造材としての鉄鋼材料，軽さを考えたアルミ合金，回転部分の木材など．**要素学**として，使用する歯車や軸受，ばね．また，空気圧シリンダを中心とした空気圧機器の活用など．**制御学**として，シーケンス制御を

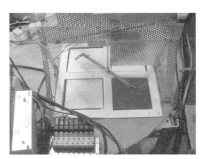

（b）　ギョウザ4個をフライパンに落とす

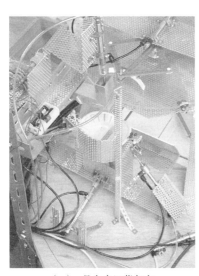

（a）　具を皮に落とす

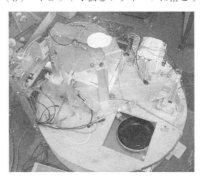

（c）　全体図

図 10-2　ギョウザ製造ロボット

活用した電気モータや空気圧機器の制御．各種スイッチの有効活用など．**工作学**として，旋盤・フライス盤・ボール盤を駆使した加工．また，食品機械としての衛生対策．**製図学**として，部品図と組立図の作成．

　これらを検討して進めた結果，完成したのが図 10-2 のギョウザ製造ロボットである．皮に具を包んで 4 個のギョウザをフライパンに載せた後，水を入れて，ふたをすることなど，すべてシーケンス制御を活用して自動で行う．

10-4　変形ロボットの創造学

　設計学として，「二足歩行から三輪走行に変形するロボットを創りたい！」という強い気持ち．**運動学**として，二足と三輪との変形メカニズム，変形の際にも強度を保つ**強度学**と適切な材料を用いる**材料学**，RC サーボモータを囲んだ構造部の板金加工などの**工作学**，メカニズムと構造部に用いるねじなどの**要素学**，変形メカニズムの指令を出す**制御学**，製図学として，部品図と組立図の作成．

図 10-3　二足歩行

図 10-4　三輪走行

10-5　ジョイスティックで操縦する RC カーの創造学

　設計学として，「ジョイスティックで操縦する RC カーを創りたい！」という強い気持ち，**運動学**として全方位移動に優れるメカナムホイールを開発した．開発には**製図学**として 3D CAD でモデリングを行い，**工作学**として 3D プリンタを活用した．**制御学**として，小型マイコンボード micro:bit が 2 台での通信機能に優れているため，1 台をジョイスティックのレバーを割り当ててコントロールした．制御するのは 4 個の無限回転式サーボモータである．

図 10-5　RC カーの使用部品

図 10-6　メカナムホイール駆動の RC カー

図 10-7　メカナムホイール

10-6　新型コロナ対策足踏み式アルコール噴霧器の創造学

　設計学として，「新型コロナ対策足踏み式アルコール噴霧器を創って役立てたい！」という強い気持ち，運動学として，足踏みの運動を噴霧器をわずか 2 cm ほど押す上下運動に変換すること，制御学として液晶表示パネルのプログラミング，工作学として本体の木材加工および 3D プリンタによるコロナモデルの出力などがあげられる．また，アルコール噴霧器には絶対の形状はないため，1 台のモデルを参考にして，さまざまな派生形がつくられた．

図 10-8　足踏み式アルコール噴霧器

図 10-9　液晶パネル

図 10-10　派生モデルのいろいろ

参 考 図 書

〔機械運動学〕

- 門田和雄, 長谷川大和, 絵ときでわかる機械力学（第2版）　オーム社
- 鈴木健司, 森田寿郎, 基礎から学ぶ機構学　オーム社

〔機械強度学〕

- 荒井政大, 図解 はじめての材料力学　講談社
- 有光 隆, 図解 はじめての固体力学—弾性, 塑性, 粘弾性—　講談社

〔機械材料学〕

- 横田川昌浩他, トコトンやさしい機械材料の本　日刊工業新聞社
- 門田和雄, 絵ときでわかる機械材料（第2版）　オーム社

〔機械要素学〕

- 門田和雄, 絵とき「機械要素」基礎のきそ　日刊工業新聞社
- 門田和雄, ココからはじめる機械要素　日刊工業新聞社
- 門田和雄, トコトンやさしいねじの本　日刊工業新聞社
- 門田和雄, トコトンやさしい歯車の本　日刊工業新聞社

〔機械制御学〕

- 門田和雄, トコトンやさしい制御の本　日刊工業新聞社

〔機械製図学〕

- 山田 学, 図解力・製図力おちゃのこさいさい—図面って, どない描くねん！
 LEVEL0　日刊工業新聞社
- 山田 学, 図面って, どない描くねん！　日刊工業新聞社
- 小原照記, 藤村祐爾, Fusion360 マスターズガイド　ベーシック編　ソーテック社

〔デジタルファブリケーション〕

- 門田和雄, 門田先生の3Dプリンタ入門　講談社ブルーバックス
- Neil Gershenfeld（著）, 田中浩也（監修）, 糸川 洋（訳）, Fab—パーソナルコンピュータからパーソナルファブリケーションへ　オライリー・ジャパン

索 引

〈著者略歴〉

門田和雄 （かどた　かずお）

東京学芸大学教育学部技術科卒業

東京学芸大学大学院教育学研究科技術教育専攻（修士課程）修了

東京工業大学大学院総合理工学研究科メカノマイクロ工学専攻（博士課程）修了

博士（工学）

東京工業大学附属科学技術高等学校機械システム分野教諭を経て，

神奈川工科大学 教授

〈主な著書〉

基礎から学ぶ機械工学

基礎から学ぶ機械設計

基礎から学ぶ機械工作

基礎から学ぶ機械製図（以上，Soft Bank Creative サイエンス・アイ新書）

トコトンやさしいねじの本

トコトンやさしい制御の本

トコトンやさしい歯車の本

絵とき「機械要素」基礎のきそ

絵とき「ねじ」基礎のきそ（以上，日刊工業新聞社）

絵ときでわかる機械力学（第2版）

絵ときでわかる機械材料（第2版）

絵ときでわかる計測工学（第2版）（以上，オーム社）

新しい機械の教科書（第3版）

2004 年 6 月 15 日	第 1 版第 1 刷発行
2013 年 10 月 15 日	第 2 版第 1 刷発行
2021 年 5 月 20 日	第 3 版第 1 刷発行
2024 年 3 月 10 日	第 3 版第 3 刷発行

著　者　門田和雄

発行者　村上和夫

発行所　株式会社 オーム社

　　　　郵便番号　101-8460

　　　　東京都千代田区神田錦町 3-1

　　　　電話　03(3233)0641（代表）

　　　　URL https://www.ohmsha.co.jp/

© 門田和雄 2021

印刷　中央印刷　製本　協栄製本

ISBN978-4-274-22712-7　Printed in Japan

本書の感想募集　https://www.ohmsha.co.jp/kansou/

本書をお読みになった感想を上記サイトまでお寄せください．

お寄せいただいた方には，抽選でプレゼントを差し上げます．

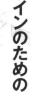

基礎から学ぶ 実用機械の設計

渡辺 康博 著
A5判・224頁
定価(本体2600円【税別】)

新人機械設計者が一人前になるために必要な知識を学ぶ入門書

機械設計における構想・計画から機械要素や駆動、制御までの基本をマスターする!
実用機械の設計は、機械工学をはじめとする工学系の知識だけでは足りず、これをまとめ上げるためのノウハウが必要になります。「コストを考慮した組立図」や「機械加工しやすい計画図」など、教科書には書いてない、熟練設計者の頭の中だけにあるような実務に即したノウハウを実際の設計の流れに沿ってわかりやすく解説します。

★このような方におすすめ
機械設計者(特に若手設計者)、機械技術者、機械学科の学生

もっと詳しい情報をお届けできます.
◎書店に商品がない場合または直接ご注文の場合も右記宛にご連絡ください。

ホームページ https://www.ohmsha.co.jp/
TEL／FAX TEL.03-3233-0643 FAX.03-3233-3440

(定価は変更される場合があります)